読みなおす日本史

日本海軍史

外山三郎

吉川弘文館

はじめに

ここに日本海軍とは、太平洋戦争で消え去ったいわゆる「帝国海軍」をさす。したがってそれは明治憲法に定められた軍隊であるが、その創設は明治維新にさかのぼる。もっともそれ以前にも水軍や海軍があった。これらは各大名の私兵であり、あるいは幕府の権力機構であって日本海軍とは直接つながらないが、実体的には日本海軍の前身的存在としてその影響は無視できない。

日本海軍を世界史的にみるとき、一九世紀末から二〇世紀前半にかけて、世界的存在として、海戦術海戦略の発達に一世代を画した偉大な海軍であり、日本史の上でみれば、明治の発展を担った第一の実力主体であったと言えるであろう。しかしその生涯は極めて短命であり、特にその崩壊は劇的であった。

本書では、その生涯を三章に区分して記述することとし、第一章を生い立ちに、第二章を世界的海軍に発展した段階に、そして第三章をその滅亡にあてた。これを期間的にみれば第一章は、日清戦争前までの二〇数年間であり、第二章は日清戦争から太平洋戦争前までの四〇数年で第三章は僅々四年となる。筆者があえて第三章をこのように選んだのは、日本海軍を滅ぼしたのは太平洋戦争であったという事実を重視し、そのぼう大な戦争の実相を明らかにする必要があると認めたからである。

なお本書の中で日本海軍という呼称の外、明治海軍という言葉を用いたのは、通俗的な用法である。すなわち、明治時代の日本海軍を明治海軍と呼称したのであって、実体はあくまでも日本海軍そのものである。ただ一般に明治海軍と呼ぶとき、以後に比べて、日清日露両役に大勝利を博した栄光の日本海軍という意味合いが含まれることは本書の場合も同じである。

最後に本書は既刊の多くの海軍史書に負うところが大きいが、中でも制度関係については海軍省編『海軍制度沿革』（全一八巻・二六冊）に、戦略戦術については拙著『日清・日露・大東亜海戦史』（何れも原書房刊）に資料を求め、あるいは引用したところが少なくないことをことわっておきたい。

外山三郎

目　次

序章　幕末の海防

鎖国海防の終末　明治海軍の思想的源流は幕末に台頭した開国海防論であり、その創設時の軍艦のほとんどすべてが、幕府および諸藩から引き継がれたものであった。

幕末の海防論は開国を迫る欧米諸国によって惹起され、徳川二〇〇余年にわたる鎖国海防の破綻の上に形成されたものであるが、その理論的先駆となったのは、林子平《はやししへい》（一七三八〜九三）の『海国兵談』である。次にその核心にふれる一節を紹介することにする。

「海国とは何の謂《いい》ぞ、曰《いわく》、地続《つづき》の隣国無《なく》して四方皆海に沿《そえ》る国を謂也。然るに海国には海国相当の武備有て、唐山《から》の軍書及び日本にて古今伝授する諸流の説と品替れる也。此わけを知ざれば、日本の武術とは云がたし、先海国は外寇の来り易きわけあり、亦《また》来り難きいわれもあり。其来り易しというは、軍艦《いくさぶね》に乗じて順風を得れば、日本道二三百里の遠海も一二日に走り来る也。此如く来り易きわけあるゆへ、此備を設ざれば叶《かなわ》ざる事也。（中略）さて外寇を防くの術は水戦にあり。水戦の要は大砲《おおづつ》にあり。此二つを能《よく》調度する事、日本武備の正味にして唐山韃靼《からだったん》等の山国と軍政の殊なる所なり」

ここに述べられたことは現在でも通用する海防の基本理論といってよいであろう。しかし、当時の幕府は、これをもっていたずらに人心をまどわすものとして禁錮《きんこ》の刑に処した。

それでは、その頃幕府は海防についてどのような了見をもっていたのであろうか。

寛政四年（一七九二）ロシアの使節ラックスマンが根室にきて通商を求めたのをはじめ、文化元年

（一八〇四）同じくレザノフが長崎に、さらに文化八年（一八一一）にはロシアの軍艦が国後島《くなしり》にきて艦長ゴローニンらが上陸するという事件が起きた。他方文化五年（一八〇八）には、イギリス軍艦フェートン号がオランダ船を追って長崎に入港して幕府を驚かせた。イギリスとオランダの植民地争奪戦の余波が日本にまで及ぶようになったのである。この状況に対し幕府は文政八年（一八二五）外国船打払令を出し、鎖国海防を固執した。それは具体的には海岸要塞と台場造りであり、その建設が急がれたのである。

幕府がこうした鎖国海防の限界を知ったのはアヘン戦争で清軍が敗れ、英国が香港を獲得したことであった。そして英国の勢力が同様にして日本にも迫るであろうとの危険が感じられ、攘夷論は後退し、天保十三年（一八四二）には同打払令は取りやめられたのである。

その日本をさらに愕然とさせたのがペリー艦隊の来航である。ペリーは米国東印度艦隊司令長官であったが、大統領の国書を携え、嘉永六年（一八五三）軍艦四隻を率いて浦賀に入港し、開国を要求した。実はこのことはオランダから風説として幕府に伝えられ、またオランダ国王（ウイリアム二世）は幕府に対し、世界の情勢を説いて開国を勧めたが、幕府は半信半疑で過ごしていた。

一年後ペリーは品川沖に現れ、国書に対する回答を迫り、遂に日米和親条約を認めさせた。これは直ちにイギリス、ロシア、オランダそしてフランスに及び、ここに二〇〇年以上続いた鎖国に終止符が打たれ、同時に鎖国海防の終末をみたのである。

オランダ依存の欧式海軍へ　開国に踏み切った以後の海防は、林子平のいう水戦に備える海軍が主体とならなければならない。もっとも、鎖国海防といっても水軍が無用というのではないが、本質的には相容れないものがある。例えば、天保九年（一八三八）水戸藩で造った軍艦日立丸（長さ三八メートル・幅一〇メートル）は、鎖国主義と相容れないということで使用は許されなかった。しかし今や開国に踏み切った幕府は、何よりも海軍の振興を図らなければならず、嘉永六年（一八五三）九月、幕府はかつて令した（寛永十二年〈一六三五〉）大船製造の禁を解き、自ら率先して海軍の編成振興に乗り出した。

海軍振興についてはすでに薩摩藩が乗り出しており、また幕府自体その基礎となるべき洋式砲の製造・調練《ちようれん》についても高島秋帆《しゆうはん》・江川太郎左衛門《たろうざえもん》らを抱え、またその施策については佐久間象山《しようざん》の「海防八策」の献策等を受けており、部分的ながらその態勢はできていた。問題は軍艦にあったが、大船製造の禁を解いた一カ月後の十月、オランダに軍艦の買い入れ方を依頼した。

しかし当時欧州では露土戦争の最中であったため、オランダ政府はすぐに応じようとしなかった。たまたま翌年の安政元年八月、オランダ東洋艦隊所属汽船スームビング号が長崎に派遣されたが、同艦長ファビユス中佐は幕府の依頼に応じて、幕府が選抜した旗本の子弟に、スームビング号を主たる教材として海軍に関する初歩の学術を在泊三カ月にわたって教授した。これがわが国における近代海軍建設への第一歩である。

翌安政二年（一八五五）オランダ政府は、砲艦二隻の注文に応じるとともに、スームビング号をオランダ国王の名において幕府に贈呈した。同船はその名を観光丸と改められ、わが近代海軍の第一艦となった。

幕府はこれを機に同年長崎に海軍伝習所を開設し、観光丸を練習船に充てるとともに、同船乗組みのオランダ海軍大尉ペルスレーケン以下二一名を教師とし、わが方は永井尚志《なおむね》を伝習取締に、勝麟《かつりん》太郎らをその補佐に任命した。また伝習生には幕臣七〇名をはじめ各藩から合計百数十名が選ばれた。

安政四年（一八五七）幕府は築地に軍艦教授所を設置し、長崎伝習所の卒業生の大部をここに移したが、その際彼らは自ら観光丸を操縦して無事横浜に回航し、長崎伝習所における学習成果のほどを示した。軍艦教授所は間もなく海軍操練所と改名され、同年七月十九日から授業を開始した。

安政四年九月、さきにオランダが受注した第一艦が長崎に着いた。原名ヤッパン、日本名咸臨《かんりん》丸である。翌年第二艦エド号（日本名朝陽《ちょうよう》丸）も長崎に着き、両艦とも練習艦に充てられた。長崎伝習所は安政六年閉鎖されたが、それは国際情勢を顧慮したオランダが教師等の派遣中止を申し出たことによるとされている。

いっぽう幕府は安政元年（一八五四）五月、浦賀において鳳凰《ほうおう》丸と称する洋式帆船で長さ二〇間（約三六メートル）、幅五間、二本マストの船を新造した。これと前後して薩摩藩では三本マストの帆船軍艦昌平《しょうへい》丸を建造した。なお幕府がわが国自力で蒸気船を新造したのは、石川島で文久三年起工、慶応二年（一八六六）竣工した千代田形が最初である。

幕府の軍艦建造は外国依存が中心で、発注先はオランダ以外にも及んだ。米国に注文した「富士山」、「回天」（プロシヤ製）、「東」（フランス製）などがそれである。その中で最も有力なのは、オランダに発注した朝陽丸である。同艦は三〇〇〇トンの巨艦で、幕府海軍の旗艦となった。

咸臨丸は万延元年（一八六〇）一月十九日浦賀を出航し、ワシントンにおける日米修好条約批准に向かう使節団一行のためサンフランシスコまで派遣された。同艦は勝麟太郎（海舟）が艦長格を務めたが、使命を果たし、同年五月六日無事品川に帰着した。

幕府は文久三年（一八六三）、大阪湾の警備を考慮して兵庫小野浜（今の神戸）に海軍操練所を設立し、咸臨丸での任務を終えた勝麟太郎をその伝習指導に当たらせた。伝習生には坂本龍馬《りょうま》をはじめ、当時の錚々《そうそう》たる天下の名士が集まったが、やがて幕府の忌むところとなって一年にして閉鎖された。

いっぽう、長崎伝習所の開設に伴って必要となった造船や修理のため、幕府は、文久元年（一八六一）長崎に洋式の造船所を建設し、長崎造船所と称した。次いで慶応元年（一八六五）江戸の近辺ということで横浜製鉄所が設立された。さらにフランスの積極的な支援もあって、フランス公使レオン・ロッシュの推薦したフランス海軍技師ウェールニーを招聘して、フランスのツーロン軍港を模範として横須賀製鉄所の開設にかかった。わが方は勘定奉行小栗上野介《おぐりこうずけのすけ》・軍艦奉行木下謹吾らが創立委員に任命された。

以上にみるように、幕府は製鉄所の建設・軍艦の操練をはじめ軍制の制定など一途に海軍の充実に努めた。特に軍艦については、約一五年間に四五隻の洋式軍艦を保有するにいたった。なお横須賀製鉄所は、明治四年（一八七一）新政府によって開設され、横須賀造船所と呼び、後に横須賀工廠《こうしょう》と改称され、日本海軍造船の中枢的存在となった。

いっぽう開国は、それによる外国貿易のため国内の物資が不足して物価騰貴を招き、国民生活を圧迫したため庶民の反感を買った。さらに開国が外国に強いられたという民族的反発も加わって攘夷論を再燃させた。

その結果、生麦事件（一八六二年）など外国人殺傷事件が頻発した。これに関連し、文久三年（一八六三）には英艦隊の鹿児島砲撃（薩英戦争）、翌年には英仏米蘭によるいわゆる四国艦隊の下関砲撃事件が起きて、幕府を外部から圧迫した。同時に攘夷は尊皇と結び、幕府を内部から揺さぶり、やがて討幕へと発展した。

こうして幕府が倒れ、明治政権が誕生するが、その権力移行の態様は、いわゆる革命ではなく「政権の朝廷への返上」であり、一般的に言えば「王政復古のクーデター」であった。しかも西郷隆盛や勝海舟など達眼の指導者によって決定的な破壊は回避され、軍艦や海軍施設をはじめ海防思想はほとんど損なわれることなく、明治政府に引き継がれたのである。

1　明治海軍の創建

基礎の創始

官制の制定　慶応三年（一八六七）十月十四日、徳川第一五代将軍慶喜《よしのぶ》の大政奉還に始まった明治維新は、同十二月九日王政復古の大号令が発せられ、従来の摂政・関白・征夷大将軍に代わって新たに総裁・議定《ぎじょう》・参与《さんよ》の三職が設けられ、総裁には有栖《ありす》川宮熾仁《がわのみやたるひと》親王が就任した。その一月後の慶応四年一月十七日三職のもとに七分課がおかれ、いちおう行政の実体を整えた。次いで三職八局制となり、さらに三月十四日五カ条の誓文が示されて新政の基本精神が明らかにされ、ここに明治政府の新体制が確立したのである。

明治海軍は、維新政府のこの最初の官制である三職七分課にその創始をみたのである。七分課とは神祇、内国事務課、外国事務課、海陸軍務課、会計事務課、刑法事務課および制度寮の七課をいう。これらの職務関係は総裁が国政のすべてを総括し、議定は各課の事務総督（長官）となって政策を議決し、参与は各課の事務係（次官）となってその政策審議に参与するというものであった。海陸軍課については議定兼副総裁岩倉具視《いわくらともみ》、議定嘉彰《よしあきら》親王、議定島津忠義《しまづただよし》が海陸軍務総督となり、参与広沢真臣《ひろさわさねおみ》、参与西郷隆盛が海陸軍務係に任じられた。なお三職八局制で海陸軍課は軍防事務局となるが、職制は七課制とほぼ同様である。

またこの間、維新政府は二月討幕のための征東軍を起こし、三月には大阪天保山沖で天皇親閲の観艦式を行ったが、この両者については次項で述べる。

三職八局制は慶応四年（一八六八）四月二十一日太政官七官制に改められた。海陸軍については、七官の一つに軍務官が置かれ、そのもとに二局四司が設けられた。軍務官知事には嘉彰親王、軍務官判事に大村益次郎《おおむらますじろう》が任ぜられた。なお二局とは海軍局及び陸軍局であり、四司とは築造司、兵船司、兵器司、馬制司である。海陸軍の職務分掌への萌《きざ》しということができる。

慶応四年七月十四日、軍務官は海軍を起こすことの急務なこと、その当面の第一義は学校を起こすことであるとの上申を行った。

翌明治二年（一八六九）七月八日四度官制の改革が行われ、二官（神祇及び太政の二官）六省制がとられた。さきの軍務官は兵部省《ひょうぶ》となり、その長は兵部卿と呼ばれ、初代兵部卿には嘉彰親王が任ぜられた。兵部省は明治二年十一月二十四日、「兵部省前途ノ大綱」と題する上申書を太政官に提出した。なお同年七月、海軍陸軍ともまず大・中・少将を、三年九月同じく大・中・少佐、大・中・少尉の官階が設けられた。

明治四年七月十四日に廃藩置県が行われ、それを受け同年七月太政官制が大きく改められ、初めて太政大臣を置き、太政官《だじょう》を正院《しょういん》、左右両院とし、それまで太政官の上位にあった神祇《じんぎ》官を廃して七省の中の一省（神祇省）とした。また兵部省はそのまま存続した。しかし翌五年二月二十八日その兵部省は廃止されて陸軍省及び海軍省が設置され、陸海軍は完全に分離独立した。これについては明治五年一月十三日、兵部省から太政官に対し次の如く上申した。

「海軍ト陸軍トハ全ク其局ヲ異ニシ、其官員モ又海陸混任スルコトナシ。此レ其職ノ自ラ別ナルヨリ斯ノ如シ。因テ兵部ノ省名ヲ革《あらた》メ、更ニ海軍陸軍ノ両省ヲ置カレ候様被為在度奉懇望候」

これに対し太政官（左院）は一月二十三日次の如く答議して、これを認めたのであった。

「海陸軍ヲ両省ニ分建シテ事ヲ簡ニシ費ヲ省キ益々両軍ノ盛大ヲ謀リ護国ノ道ヲツクシ候ハントノ見込熟議仕候処右ハ固ヨリ各国同律ノ事ト存シ候間兵部省申立ノ通速ニ御改革有之候事」

なお両省開設時陸海軍卿は共に欠員であったが、明治六年（一八七三）六月八日山県有朋《ありとも》が陸軍卿となり、やや遅れて同年十月二十五日勝海舟が海軍卿に任ぜられ、以後陸海軍は並立して富国強兵の国策に沿って発展してゆくのである。

部隊の編成　海軍創始時の慶応四年（一八六八）一月十七日の時点で朝廷には一隻の艦船もなく、もちろん部隊もなかった。鳥羽伏見の戦いに続き維新政府が起こした江戸征討に際しては、東征大総督総裁熾仁《たるひと》親王の下に、議定嘉彰親王が海軍総督となり、大原俊実《おおはらとしざね》が海軍先鋒として作戦に参加した。このとき大原海軍先鋒は、薩摩・佐賀・久留米の三藩の兵を関東まで海上輸送する任務を与えられた。彼は薩摩藩士中原猶介《ゆうすけ》、佐賀藩士浜野源六を参謀とし、それぞれ各藩から拠出させた豊瑞《ほうずい》丸（薩摩藩）・孟春《もうしゆん》丸（佐賀藩）・雄飛丸（久留米藩）の三隻を率いて三月十八日大阪港を出港し、同二十三日横浜に入港してその任務を果たした。これが明治海軍の部隊編成の嚆矢《こうし》である。

こうした情勢もあって、朝廷は慶応四年二月六日、薩摩・長門・筑前・久留米・安芸・肥前・土佐の各藩から軍艦一隻を徴集したが、三月二十六日、天皇は大阪天保山沖においてこれら諸艦を集めて親閲した。これが日本海軍最初の「観艦式」と呼ばれるもので、参加艦船は六隻約二〇〇〇トンであった。

江戸の開城については、官軍参謀西郷隆盛と幕臣勝海舟との会談によって無血接収が実現し、東征大総督は同年四月二十一日江戸に入城したのであるが、幕府軍艦八隻のうち四隻を徳川に残し、四隻（富士山・朝陽・翔鶴《しょうかく》・観光）を政府に没収した。この四隻が明治政府が所有した最初の軍艦である。さらに政府は奥羽北越追討に備え、諸藩の所有の軍艦を徴集し、あるいは外国船を購入するなど、海上軍備の充足を急いだ。

この年（慶応四年）八月、旧幕府海軍副総裁榎本武揚《えのもとたけあき》がいわゆる函館の役を起こすことになる。彼は同志大鳥圭介《けいすけ》らとともに、軍艦四隻（開陽《かいよう》・回天《かいてん》・蟠龍《ばんりゅう》・千代田形《がた》）および運送船四隻を率い、ひそかに品川を脱して函館に向かい五稜郭《ごりょうかく》に拠った。彼らは途中時化《しけ》に遭い、運送船二隻を失い、さらに江差《えさし》攻撃のさい開陽及び運送船一隻を失ってその兵力を殆ど半減したものの、奥羽北越諸藩には榎本軍に投ずるものが多く、その勢力は極めて盛んと伝えられた。

そこで新政府はこれが討伐の軍を起こし、翌明治二年三月軍艦甲鉄（軍務官所管）、春日《かすが》（鹿児島藩所有）、第一丁卯《ていぼう》（山口藩所有）、陽春《ようしゅん》（秋田藩所有）、朝陽《ちようよう》（軍務官所管）及び輸送船飛龍《ひりゅう》（軍務官所管）、豊安《ほうあん》（広島藩所有）、戊辰《ぼしん》（徳島藩所有）、晨風《しんぷう》（久留米藩所有）等を派遣し、陸軍と呼応して函館湾にこれを追討させた。五月十八日ついに榎本以下、五稜郭を出て降伏し、反乱は大事にいたらずして鎮定され、征北の各艦は六月四日品川に凱旋した。

兵部省の開設はその直後の七月八日（既述）であるが、この時、兵部省の所管に入った艦船は軍艦三隻（富士山・甲鉄・千代田形）、運送船四隻（飛隼《ひじゅん》・飛龍《ひりゅう》・快風《かいふう》・長鯨《ちようげい》）にすぎなかった。それは軍務官時代に所管となった艦船の中に老朽その他運用に適さなくなったものが多く、これらを他省に移管しあるいは各藩に返したためである。

明治二年（一八六九）八月、維新政府は運送船大阪丸を購入、翌三年鹿児島藩から軍艦二隻、山口藩から軍艦二隻、佐賀藩から軍艦一隻、熊本藩から軍艦一隻、豊津藩から運送船一隻、静岡藩より運送船一隻の献納があり、越えて翌明治四年には山口藩から軍艦二隻、佐賀藩から軍艦一隻が献納され、これらはすべて兵部省の所管となった。

さらに明治四年七月十四日、廃藩置県の発令とともに、諸藩の所有に残されていた艦船はすべて政府に移籍されることになったが、老朽船ばかりで実際に該当するものはなかった。

この間明治三年五月、兵部省は軍艦二〇〇隻の建造を主体とする大海軍の建設計画をたてたが、財政の都合で容れられなかった。

徴兵令の発布　明治政府は発足早々の明治六年（一八七三）一月十日、徴兵制を採用した。これは一君万民の中央集権的国民国家建設の基礎づくりとなり、同時に海陸軍はこの徴兵制に立って国民皆兵、天皇親率、統帥権独立の確固たる建軍の基本を確立したのである。

ところで、徴兵制に対しては種々の反対があり、特に武士出身の政府要路者からは「武事を弁《わきま》えない農工商の子弟を兵隊にしたとて、とうていその任に堪えるものではない」などの強い反対がなされたが、大村益次郎とその後を継ぐ陸軍大輔《たゆう》山県有朋を中心とする徴兵推進者はこれらの反対を押し切ったのである。もちろんそれにはそれなりの説得力があったといわなければならないが、その論拠となった主な点を挙げると、次の五点に要約できる。

(1)　この兵制は日本古来の軍制である四民平等・国民皆兵に復するものである。

(2)　四民平等の建前からは、特定の階級（例えば武士階級）に限るべきでない。しかも、武士のみでは近代軍を編成することが数的に困難であることは、幕末において実証済みであったこと。

(3)　志願制をとれば、志願者はほとんど武士となると予想されたこと。

(4)　幕末の農兵隊等の実績から、武士以外の者の軍事能力が実証されたこと。

(5)　西欧諸国は多く徴兵制を採用していること。

これらのうち第一項は、徴兵令の発布に先立って明治五年十一月二十八日（太陽暦十二月二十八日）に発せられた「全国徴兵ノ詔」において強調されており、その全文を紹介すると次のとおりである。

朕惟ルニ古昔郡県ノ制全国ノ丁壮ヲ募リ軍団ヲ設ケ以テ国家ヲ保護ス固ヨリ兵農ノ別ナシ中世以降兵権武門ニ帰シ兵農始テ分レ遂ニ封建ノ治ヲ成ス　戊辰ノ一新ハ実ニ二千余年来ノ一大変革ナリ此ノ際ニ当リ海陸兵制モ亦時ニ従ヒ宜ヲ制セサルヘカラス今本邦古昔ノ制ニ基キ海外各国ノ式ヲ斟酌シ全国募兵ノ法ヲ設ケ国家保護ノ基ヲ立ントス　汝百官有司厚ク朕カ意ヲ体シ普ク之ヲ全国ニ告諭セヨ

なお太政官はこの詔に基づいて「徴兵告諭」を発し、その趣旨を敷衍《ふえん》した。

ところで海軍は、その職務の特殊性から志願兵制度を重視し、すでに明治四年二月十七日、「沿海漁夫の子弟ニシテ十八歳以上二十五歳以下身体強健ナル男子ノ志願者ヲ地方官ニ於テ選出スベキ」旨を各府県に布告した。

徴兵令の発布によって、海軍では制度上志願兵と徴兵の二種となったが、海軍は当分の間は志願兵一本やりであった。その理由は海軍では、水兵といい、機関兵といい、一般陸兵よりも高度の技量が必要であり、徴兵年限の四年ではその修得に十分でないということにあった（志願兵は六年満期）。また募集する兵員の数が少ないことも、その実施をたすけたことになる。

明治二十年（一八八七）以後は採用数も増え徴兵制を採用することになったが、それでも、明治三十七年の海軍兵についてみると徴兵一五七八名、志願兵三〇四〇名であり、したがって日露戦争に参加した海軍兵の主力は志願兵出身者であった。また海軍では、志願兵に対し満期がきても引きつづき在役するよう希望し、同時に彼らには士官へ昇進する道を開くなど種々の便宜をはかったこともあって、優秀なものほど永くとどまる傾向にあった。日本海軍の下士官は世界海軍で最優秀であると評されるようになったのも、一半の原因はここにある。

このように明治海軍が徴兵制の基礎に立ってなお志願兵に重点をおいた兵制をとったことは極めて賢明であり、海軍の発展に寄与したところは極めて大きい。

人材の養成

学校の開設　海軍の基礎づくりはまず人、特に士官の養成におかれ、その第一が学校を開設することにあった。このことは先にもふれたとおり、慶応四年七月十四日の軍務官の上申書にあるので、次にその冒頭の一節を引用する。

皇国ノ威武ヲ海外ニ輝スハ海軍ニ非サレハ能ス　当ニ大ニ興起スヘキハ固ヨリ論ヲ待サル所也　然《しかれ》トモ草創ノ今日国内未タ平定セス軍費巨大ノ折柄ナレハ　製船鎔銕等ノ大工作ハ漸ヲ以テ為スニ非サレハ国力堪ル能ハス　且ツ海軍節制編束ヨリ製船鎔銕ノ工作ニ至ルマテ　其ノ芸術煉達スルノ士人ヲ得ルヲ先要トス

今我皇国ヲ視ルニ右等ノ芸ニ達スルノ士人殊ニ鮮《すくな》シトス　故ニ海軍ヲ起スノ根ハ海軍学校ヲ起

スヨリ先ナルハナシ　今兵庫ニ於テ学校ヲ興起シ海軍ノ根ヲ立テント欲ス…。

これに対し、同年十月、天皇から「海軍ノ儀ハ当今第一ノ急務ニ付速カニ基礎ヲ確立スベキ」との沙汰《さた》があった。

次いで明治三年（一八七〇）五月四日兵部省は「大イニ海軍ヲ創立スベキノ議」を建議するが、その中において、「海士ノ教育」について一項を設けて次の如く士官養成の重要性を強調している。

軍艦ハ士官ヲ以テ精神トス。士官ナケレバ水夫其用ヲ為ス能ハズ、水夫用ヲ為サザレバ船其用ヲ為サズシテ無用廃物トナル。而シテ海軍士官トナルノ学術深奥ニシテ容易ニ熟達スル能ハズ、故ニ速カニ学校ヲ創立シ広ク良師ヲ選挙シテ能ク海士ヲ教育スルコト亦海軍創立ノ一大緊要事ナリ

このような背景のもとに、明治二年九月には、東京築地の旧幕府の海軍操練所が再開され、翌三年一月十一日海軍操練所の第一回生の始業式が行われた。学生は薩摩・長州・佐賀等一六藩に命じて派出させた志願者で、年令は一八歳以上二〇歳以下と定められたが、それ以外の通学生約一〇〇名も認めた。同年十一月四日海軍操練所が兵学寮と改称されたのを機に通学制度は廃止され、新規則によって幼年生徒（一五歳以上、一九歳未満）一五名、壮年学生（二〇歳以上、二五歳以下）二九名が選抜された。

同時に、千代田形を練習艦として海軍兵学寮に付属させた。後に明治海軍育ての父と呼ばれる山本

権兵衛は、一五名の幼年生徒の一人であった。初代の兵学頭《へいがくのかみ》(校長にあたる)は海軍大輔《たゆう》川村純義《すみよし》が兼ねた。職員の中には筆頭教授赤松則良《のりよし》の如く、数学においては当時最高水準をゆく学者をはじめ、彼とともに沼津兵学寮から引き抜かれた有為の同僚教師が集められた。教科目については、基礎学科から専門学科へと合理的に編成されたが、当初は制度の改廃が多く大した成果をあげ得なかった。明治六年七月英国海軍少佐アーチボルト・ルシアス・ダグラスを長とする士官六名、下士官一二名、水兵一六名、合計三四名にのぼる教官団の来日によって、海軍兵学寮規則が新しく制定され、すべての教育が軌道に乗っていった。

なお、海軍兵学寮は明治九年(一八七六)海軍兵学校と改名され、明治二十一年(一八八八)八月一日、築地から広島県江田島に移された。江田島での第一回の卒業生(明治二十二年)は第一五期生で、その中には明治海軍青年士官の象徴といわれる広瀬武夫が含まれている。

明治六年十月兵学校内に機関科を置き、翌七年五月横須賀に分校を設け、機関専攻生徒をここに移した。これが海軍機関学校の起源である。この分校は同十一年(一八七八)六月海軍兵学寮付属機関学校とされたが、十四年七月二十八日海軍機関学校となって独立した。その後明治二十年七月廃止、海軍兵学校に機関学科を設けてこれに代えたが、二十六年十二月再興、大正十四年(一九二五)一月舞鶴に移された。

また海軍経理学校は、明治七年東京芝山内天神谷に設けられた海軍会計学舎がその前身であり、海軍軍医学校は、明治六年、築地の海軍病院内に新設された海軍病院学舎がその前身である。

以上のほか、専門学術を修得させるため、砲術学校、水雷学校、通信学校、航海学校、工機学校が明治前期に設立された。また海軍大学校は明治二十一年（一八八八）開設、翌二十二年七月第一回卒業式が行われた。

海外留学　海軍操練所は設立されたが、ここでの教育には数年かかるという悩みがあった。そこで、なるべく速かに実地を修得させなければとの見地から明治三年（一八七〇）三月十四日、生徒の中から鹿児島藩前田十郎左衛門ならびに徳島藩伊月一郎の両名を英艦オデーシアスに乗り組ませ、三年契約で航海術の実習に従事させた。これが維新後、海軍当局が正式に海外留学生を派遣した最初である。

同年十二月海外留学生規則が定められ、官選と私願の二種となった。翌四年二月、海軍兵学寮生徒及び軍艦乗組士官から合計一二名が選ばれて英国へ、同年六月二名が英国へ、四月四名が米国へ派遣された。

日露戦争中、連合艦隊司令長官として大勝利を納めた東郷平八郎は、最初の一二名の留学生に含まれる。もっとも、当時英海軍省は英国海軍兵学校への入校を認めなかったので、彼はやむなくテームズ河岸の商船学校に入校し、同校付属練習船ウースター号に乗り組み、約二年間同船の教官海軍大佐ヘンダーソン・スミスに海軍技術を学び、次いで帆前船ハンプシャーに移り、約四年間、主として実地航海で訓練を積んだ。その後、英国へ発注したわが軍艦比叡の建造監視に任ぜられ、同艦の回航に参加して明治十一年五月、八年ぶりで帰国したのであった。

日清戦争において単縦陣戦法を主張し、黄海《こうかい》海戦の勝因をつくった坪井航三は、明治四年六月米国アジア艦隊の旗艦コロラドに乗艦して、約三年間航海術を修得した。また山本権兵衛は、明治九年（一八七六）十二月同僚の候補生七名とともに独艦ヴィネタ、中途で同じくライプチヒに移乗し、十一年三月退艦帰国した。

この他にも多数の海外留学生が派遣され、海軍に新知識をもたらし、その建設に大きく寄与した。その数は大約次のとおりである。明治十年までに、英二五名、米二一名、仏六名、独一名、英艦五名、米艦三名、独艦八名で、これらを含め明治四十年（一九〇七）までの総数は、英七一名、米三〇名、仏二九名、独一一名、その他九名で計一五〇名、独艦八名、英艦七名、米艦三名、露艦二名、仏艦一名に及んだ。

なお海外留学は、すでに幕府時代に行われており、文久二年（一八六二）オランダへ計一五名が各種の修得目的で派遣されたのが最初である。その中には函館に乱を起こし、敗れて官軍に降り、後に海軍中将となった榎本武揚、及び造船学の権威で明治海軍創設に特に技術面で貢献し、後に海軍中将になった赤松大三郎が含まれている。

また薩摩藩からも留学生の派遣が慶応元年（一八六五）に行われ、その中には、海軍中将にまで進み、その間三、五、九、一一代の海軍兵学校長をつとめた松村淳蔵がいる。彼は密出国で英国に渡り、のち米国に移って、明治二年十二月、アナポリスの米海軍兵学校に入り、六年五月卒業し、同十一月帰国した。

海外留学生にもまして、先進諸国の学術や制度を導入してわが創設期の海軍に寄与したものに、招《しょう》聘《へい》外人教師ならびに技術者がある。特に海軍兵学寮では、英国ダグラス海軍少佐以下三四名の教官団の果たした役割が大きかったことは既述のとおりである。

外人教師の招聘は海軍兵学寮だけでなく、前掲諸校をはじめ海軍各部に及び、その数は、横須賀造船所において旧幕府より引き継いだものを含めると、明治時代だけで九八名と推計され（推計の原史料は「近世帝国海軍史要」による）、またその国籍は大部分がイギリス人で、フランス・ドイツ・アメリカ人がそれぞれ若干名である。ちなみに明治九年わが国におけるお雇い外人数は、教師一〇一名・技術者一一八名を含め、合計四六九名である（東畑精一「日本資本主義の形成者」による）。なお、江田島の海軍兵学校から外国人の海軍教官が消えたのは、ダグラス教官団の一人であったF・W・ハモンド大尉（砲術）が解約された明治二十三年（一八九〇）七月二十八日である。

遠洋航海　谷口尚真《なおみ》元海軍大将は『大海軍発展秘史』（明治十九年広瀬彦太編）に集録された一稿において、「海軍兵学校卒業者の練習外国航海は明治八年、軍艦筑波の桑港《サンフランシスコ》・布哇《ハワイ》巡航を以て嚆矢とする。当時海軍の諸施設は未だ緒に就かず、海軍兵力も微々たるものであったが、当局は何ものよりもまず人材の養成を急務とし、経費の多端なるを顧みず、初めて兵学校を卒業した所謂《いわゆる》第一号生徒から外国練習航海の制度を実行したのである。爾来戦役の年を除くの外は、一回も此の練習航海を休止したことなく、遂に永久不変の制度となって今日に及んだのである。これは主として明治の初年、局に当った人の達見達識に負うこと最も大なるは今更申すまでもあるまい」と述べている。また同じく別稿で「明治八年軍艦筑波の太平洋横断桑港航海、同じく十一年の同艦の赤道航過、豪州航路、同年の軍艦清輝《せいき》の欧州航海を挙げて明治海軍の三大航海となし、我海軍歴史上特筆大書すべきもの」とも述べている。

ところで、練習遠洋航海の発想はダグラス少佐の進言にあったといわれるが、同時にそれまでの海外留学が外国軍艦での苦しい徒弟修業であったので、これに代わる職業的訓練の場としたいというねらいもあった。そのため当初は卒業生全員ではなく、運用科生徒の卒業期に達したものだけで、したがって航海術の実施修業が中心となり、世界の海を自由に航海できるようにということがその目標とされた。

第一回は、既述のとおり筑波（一九七八トン）により山本権兵衛のクラス生徒四七名が参加し、明治八年（一八七五）十一月六日品川発、前述二港を訪問し翌年四月十四日横浜に帰省した。この航海は咸臨丸の第一次サンフランシスコ訪問後一六年目であった。第二回の豪州訪問は鹿野勇之進クラス生徒四一名で、十一年一月十七日横浜を出港し、ブリスベーン、シドニーを経て六月十三日帰国した。

これが日本軍艦が赤道を通過した第一次航海であった。

第三回は明治十二年（一八七九）三月斎藤実《まこと》クラスを乗せて支那沿岸よりシンガポール方面へ、第四回は十三年四月島村速雄クラスを乗り組ませ、北米エスカイモルト、サンフランシスコ、ハワイへ同じ筑波によって実施された。以後龍驤《りゅうじょう》（一五三〇トン）が加わり、両艦がかわるがわる遠洋航海にあてられた。明治十六年龍驤のチリ及びペルー訪問が第一次の南米西岸巡航であった。なお明治十四年までは、この航海に英人教師アイ・エム・ジェームス及びエル・ビー・ウィルランの両人が乗艦して生徒の教育指導をたすけた。

遠洋航海の対象は当初兵学寮（校）生徒であったが、明治二十年（一八八七）からは兵学校を卒業した少尉候補生に対して行うことになり、同年九月から翌年二十一年七月にわたり、その最初として候補生四四名を乗せ、北米西岸、パナマ、タヒチ島、ハワイを歴訪した。遠洋航海は実習効果が大きいばかりでなく、国際親善に寄与するところが大きいことから、冒頭に述べたように休むことなく続けられた。明治三十五年（一九〇二）以後は練習艦隊によって、海軍兵学校だけでなく、同機関学校、同経理学校卒業の全候補生を各艦に分乗させて行うようになった。

また明治十一年（一八七八）の清輝艦の外国訪問は、それが国産艦であることから、新生日本を諸外国に紹介することを主目的とし、併せて一般軍事視察、諸国との親善を意図したものである。十一年一月十七日横浜出港、予定を五月延長して翌十二年四月十八日、全航程二万六三〇〇マイル、寄港数六〇を超えて無事帰着した。艦長は海軍中佐井上良馨《よしか》（のち海軍大将、元帥）で、乗組員は士官二一名、兵員一一九名、傭人一九名、合計一五九名であった。

ちなみに各寄港地における評判は極めてよく、例えば七月二十六日の英紙ヘラルドには次のような記事が掲げられた。

「清輝艦を見るだけで、日本国の開花の情況が十分に推察される。日本自国の製造で、一人の欧人の手も借りずに航海していることは実に感嘆のほかない。特に艦長の職務に熟達し、（中略）英艦に比して『清輝艦』はいささかの遜色はない」

理念の確立

海軍振興論　澎湃《ほうはい》として起きた幕末海防論を受けて明治政府が海軍の振興に重大な関心を寄せるのは当然であり、そのため前諸項で述べたような諸策がとられたのであるが、この項においてはその思想ないし理念面がいかに展開され、体系づけられたかを概観したい。

新政府成立そうそうの慶応四年（一八六八）七月十四日、軍務官が海軍を起こすことの急務について上申した。これに対し、同年十月天皇から「海軍ノ儀ハ当今第一ノ急務ニ付速カニ基礎ヲ確立スベキ」の沙汰があったことはすでに述べた。この下問に答えて明治二年十一月二十四日、兵部省（軍務官は二年九月廃止）は「兵部省前途ノ大綱」と題する上申書を太政官に提出したが、その冒頭は次の一節に始まっている。

皇国兵武一定ノ義ハ可論シテ急速難被行是ヲ一定セント欲セバ第一其師範タルヘキ人才無テハ幾千人の嚮導《きようどう》指揮難届因テ其人材ヲ取立候テハ学校ヲ開キ兵術学業其根源ヨリ為学得候肝要也

すなわち、兵制軍備を統一することが喫緊《きつきん》の重要事であるが、それにはいずれの国に範をとるかを決め、その国から教師を招いて学校を開くことにあるとし、上申書はその結論として、何よりも教師が得られやすいという条件から、海軍はイギリス式、陸軍はフランス式をとるべきと述べている。これを受けて翌三年十月太政官は、この件について、海軍は英国式、陸軍は仏国式を採用すると布告した。

明治三年（一八七〇）五月四日、兵部省は海軍創立の基本理念ともいうべき三部作から成る次の建白書を太政官に提出した。

一、至急大ニ海軍ヲ創立シ善ク陸軍ヲ整備シテ護国ノ躰勢ヲ立ヘキノ議

二、大ニ海軍ヲ創立スベキノ議

三、英仏其外七ケ国国力並軍備表

右のうち第一の文章は「輓近《ばんきん》宇内《うだい》ノ形勢一変シ各国交際の道大ニ開ケ外皆公議ヲ唱ヘテ内各私心ヲ逞《たくましう》シ　或ハ他邦ヲ併呑《へいどん》シテ己ガ有トシ　或ハ良港ヲ開テ互場ノ市トシ盛ニ蒸気車蒸気船ヲ通シテ遠

隔ノ地モ自在ニ往来シ五大洲恰《あたか》モ此隣ノ如ク……」と列強の侵略性と世界の海上交通の発達について論じた後、わが国のとるべき方策を次のように断じている。

「……皇国ハ海中ニ独立シ数島ニ分在スル故ニ海軍の厳備ニ非サレハ自護ノ固メヲ保ツ能ハサルニ当時各国競テ増備スルノ海軍我レニ於テハ尚全ク欠如スルヲ以テ彼レ殊ニ我レヲ蔑視シ或ハ不敬ノ辞ヲ発シ或ハ非法ノ行ヒヲ為スニ至ル我今数百艘ノ軍艦ヲ厳備シ数万ノ精兵ヲ常備セハ彼レ縮然畏敬ノ心ヲ生シ安《いずく》ンソ敢テ今日ノ挙動ヲ為スヲ得ンヤ然ラハ即チ海陸軍ノ厳備スルト否ラサルトハ皇国ノ安危栄辱ニ関スル所ニシテ実ニ至大至重ノ国事タレハ上下奮励全国力ヲ合シテ大ニ海軍ヲ振起シ能ク陸軍ヲ整備シ依テ民土ヲ保護スルノ権力ヲ養成シテ彼レノ強悍《きょうかん》ヲ圧制シ数千歳堂々タル我国ヲ拡張シテ皇威ヲ四海ニ宣布スルコト最急最要ノ国務タリ……」

さらに第一文書は後段において、そのための費用について論じ、西洋諸国は平時は歳入の三分の一、有事には三分の二に達していると指摘し、最後にわが国は国内が疲弊しているので、むこう七年間は歳入の五分の一を軍備にあてるべきだと結論している。

第二文書は、右の方針に基づき省議を経て定めた軍備計画である。日本の地理的特性を論じて、「海軍ノ厳備ヲ要スルヤ英国ニモ勝レリ」と断じ、次いでわが国に迫りつつある脅威について特にロシアを挙げ、さらに英国国防史の教訓を引用し、最後に日本のとるべき海軍軍備の目標として二〇年計画で軍艦大小二〇〇隻、常備人員二万五〇〇〇を掲げている。

第三文書は第二文書を資料的に裏付けたもので、米英仏独露墺蘭の各国に求めている。この建白に対し、太政官は同三年七月主旨として同意するとの見解を伝えているが、現実には財政上の制約が大きく、建艦は後述のように難行する。しかしこれによって、わが国の海防の意義が明らかにされ、海軍軍備の目標が明示され、広く朝野の人士に日本海軍のあるべき姿を画かせることになった。またこの建議書をはじめ諸般の公文書において「海陸軍」となっているのは、当時の海主陸従の思想のあらわれである。

仮想敵国　前掲第二文書の中で、仮想敵国の第一としてロシアを挙げることについて、次のように述べている。

魯国《ろこく》ノ宿志ハ亜欧ニ大洲ヲ混一シテ己レカ有トセントス而シテ其手ヲ下スヤ近キヲ先ニシ遠キヲ後ニシ難キヲ遺シ易キヲ取リ漸次ニ国土ヲ広大ト為ス　故ニ欧羅巴《ヨーロッパ》ノ東辺、亜細亜ノ北部、之レト境界ヲ接スル者一モ其侵蝕ヲ受ケザルハナシ　而シテ未タ大ニ其志ヲ伸能ハサルモノハ亜細亜洲中海軍ヲ備ヘテ根拠ト為スノ良地ヲ得サル故ナリ　彼レ曽テ土耳其《トルコ》ヲ取テ地中海ニ突出シ亜欧二州を中断セントス　英仏力ヲ合セテ之レニ抗スルヲ以テ果サス　近年黒龍江ニ沿ヒ満洲ノ地ヲ取テ我北海道及ヒ朝鮮ト境ヲ接シ連ネテ皇国支那朝鮮ノ北境ヲ圧迫ス　今若シ東海ニ突出シテ良港ヲ得海軍ヲ整備スルトキハ其大欲遂ニ制止スヘカラスシテ二大洲ノ大害之レニ若クモノナカルヘシ　実ニ皇国ニ於テ戒心スヘキノ第一ニシテ断然之レヲ圧止スルノ大策ヲ備セサルヘケンヤ陸軍においても想定敵国の第一をロシアにおいており、陸海そろってロシアを挙げたことになる。さらに明治四年十二月、兵部大輔山県有朋は、兵部少輔《しょうゆう》の川村純義および西郷従道と連名で「海陸兵備ノ件」と題する上申書を提出し、徴兵制の必要を論じたが、その最も備えようとしたのはロシアで、その急迫した脅威を「北門ノ敵日ニ迫ラントス」と記述している。

ロシアを仮想敵国の第一におく日本の軍備方針は、朝鮮をめぐって日清の対立が激化した明治十五年（一八八二）頃から清国に切り替えられるが、その間でもロシアに対する日本国民の脅威意識は強く、日清戦争終結後は、三国干渉の影響も加わって、以前よりもはるかに敵意識を強め、日露戦争にいたるのである。

天皇の軍隊　慶応四年（一八六八）三月二十六日、明治天皇は天保山沖で諸藩から派出させた六隻の軍艦を親閲した。次いで明治四年（一八七一）十一月、品川沖の海軍を天覧、引き続き横須賀造船所に行幸し、かつ横須賀沖で艦隊操練（大砲射撃）を天覧した。天皇は翌五年一月九日、海軍兵学寮の海軍始めの式にも行幸した。当時陸軍始めは毎年一月八日で、海軍始めは一月九日と定められ、以後毎年天皇が行幸するのが通例となった。同五年五月下旬から七月上旬にわたって、龍驤を御召艦とし、日進・鳳翔・雲揚・孟春・春日・筑波・第一丁卯・第二丁卯の八隻を警備艦とし、別に汽船有功丸を運送船として随伴させ、品川沖を出発し、鹿児島寄港を含む西海巡幸が行われた。その後も明治天皇は軍艦の進水式や観艦式をはじめ、各庁・部隊にしばしば行幸した。

このような天皇の行為は、「海軍ノ儀ハ当今第一ノ急務」(明治元年十月)の言葉に象徴される天皇の海軍重視の一つの表れであるとともに、さらに他方、海軍軍備の増強のため、明治天皇が宮廷費を節約して多額を下賜したことと相まって、「天皇の海軍」との認識に立った期待と信頼が寄せられたとみなければならない。

このことは明治四年二月に新編された御親兵にも通ずるが、明治十五年(一八八二)一月四日の軍人勅諭によって一点の疑義も残さず明文化された。すなわち「我国ノ軍隊ハ世々天皇ノ統率シ給フ所ニゾアル」の句で始まる勅諭はさらに「朕ハ汝等軍人ノ大元帥ナルソサレハ朕ハ汝等ヲ股肱《ここう》ト頼ミ汝等ハ朕ヲ頭首ト仰キテソ其親ハ特ニ深カルヘキ」と述べ、兵馬の大権が天皇の掌握するところであることを明らかにしている。

ところで、軍人勅諭が渙発《かんぱつ》されるに至った事情については、明治十年(一八七七)の西南戦争、同十一年の竹橋事件などがあいつぎ、軍紀の確立を図る必要があるという時代的要請があったといわれる。もちろんそれも一つの理由ではあろうが、より本質的なことは、明治政府樹立以来、絶えず陸海軍の現状把握につとめ、かつその発展のため細事にわたって深い関心を払い、直接間接の支援指導を行ってきた天皇が改めて明治開化の新時代を展望する中で、日本古来の兵制の変遷のあとを顧み、かつ武士道の伝統に立って深慮の結果遂に到達した軍隊観、軍人道徳観を体系的に示したものとみるべきであろう。

ここには陸海軍に対する天皇の私兵的把握の側面が認められるが、天皇制国家においてはむしろ当然であろう。問題はそれがいかなる方向に指導され運用されたかにあるが、軍人勅諭は、忠節・礼儀・武勇・信義・質素の五徳目を訓え、誠実をもってこれを貫くべきことを論しており、これらは同勅諭が最後に述べた「此五ケ条（先の五徳目ごとに説明した条文）ハ天地ノ公道人倫ノ常経ナリ」とあるごとく、軍隊一般論としても中正妥当な理念であるばかりでなく、わが国民全般に対しても説得力をもつものであった。それ故に、法でもなければ規則でもないこの言葉がかえって内面的な説得力をもって軍人たちの心をとらえ、彼らの金科玉条として信奉するところとなり、世界に冠絶する明治軍隊統率の根本を確立したのである。

軍艦の建造

軍艦建造の開始　明治三年五月兵部省作成の、軍艦二〇〇隻の建造を中心とする大海軍建設計画は、財政困難によって不成立となった。降って明治六年勝海舟は甲鉄艦二六隻、大艦一四隻、中艦三二隻、小艦一六隻、その他運送船一六隻、合計一〇八隻の建艦をうたった十八年計画を提出したが、閣議ではほとんど顧みられなかった。

海防論が台頭していたにもかかわらず、明治政府は次々と打ち出す新政策に忙殺され、また相次いで続発する不平士族の叛乱や百姓一揆の鎮圧に懸命であった。そのため否応なしに国内警察力の強化に重点が向けられ、必然的に陸軍の増強に傾かざるを得ず、陸主海従の政策が唱導された。そのため海軍経費は圧縮され、軍艦建造は後まわしにされたのであった。

その明治政府が明治八年（一八七五）五月軍艦三隻をイギリスに発注し、相前後して同じく三隻の国内建造に踏み切った。これには明治七年の征台の役において清国との談判が決裂寸前となり、日清会戦になり兼ねない状況に陥ったという事情があり、その際日本海軍の無力さが改めて痛感されたからである。ちなみに征台の役には、日本政府は軍艦五隻と運送船三隻を派遣したが、これらの軍艦のすべてが幕府及び諸藩から受けた老朽艦で、とうてい清海軍に対抗できるものではなかった。

英国に発注した前記三隻は、明治十一年竣工し、同年中に日本に回航された。これが扶桑《ふそう》・金剛・比叡である。当時の英国の造船技術の粋をあつめたといわれ、建設途上の明治海軍にとって画期的であった。中でも扶桑は三七七七トン、速力一三ノット、九・五インチ砲四、六・七インチ砲二を搭載した鉄製装甲戦艦であり、日清戦争当時までのわが国唯一の甲鉄艦であった。もっとも当時英仏では一万トン級が進水しており、その水準には遠く及ばなかった。

国内建造の第一艦は清輝艦（八九〇トン）で、明治六年（一八七三）十一月横須賀造船所で起工、九年竣工した。続く天城《あまぎ》は八年起工、十一年竣工、磐城《いわき》は十年起工、十三年竣工した。こうして明治政府は発足して一〇年にして、ようやく自力による軍艦を持つことになったのである。

しかし、これをもって島国の海防を論ずるには余りにも微々たるものであった。勝のあとを継いで明治十一年海軍卿になった川村純義は深くこのことを憂い、十四年十二月廟議（朝廷の評議）を仰ぎ、十五年以降毎年三隻宛軍艦を新造し、二〇カ年間に六〇隻を完成するとともに、新たに造船所を西部の良港を選んで五カ年計画で建設する案を提議した。しかしこの案は受理されなかった。

対清軍備　明治十五年（一八八二）七月朝鮮のソウルに暴動が起こり、日清両国が出兵したが、軍事力に自信のない日本軍は清軍との衝突を避けた（壬午《じんご》の変）。次いで十七年十二月同様な事件（甲申《こうしん》の変）が勃発する。この情勢を「東洋ノ形勢前日ノ此ニ非ス」とみた川村卿は、十五年十一月重ねて軍艦建造案を提出した。

右大臣岩倉具視は直ちに賛同し、「増税ヲ断行シテ海軍拡張ノ費ニ充ツベキ」と奏請した。明治天皇はこれに対し、十五年十二月二十五日次の沙汰を出した。

「戊辰《ぼしん》以来民力ヲ休養シ根本ヲ培養シ、偏ニ内政ノ急ヲ思食サル、然ルニ方今宇内ノ形勢ニ於テ陸海軍ノ整備ハ実ニ已ムヲ得ザルノ事宜ナリ、因テ此際時ニ措クノ宜キヲ酌定シ、国家ノ長計ヲ誤ラサル様精々廟議竭スベシ」

三条太政大臣は天皇のこの沙汰を各卿に伝え、かつ政費を節約して聖旨に添うよう達するとともに、大蔵卿に諮《はか》って、造酒煙草等の諸税を海陸軍費に充当するなどの措置を講じ、経費総額は二四〇〇万円、明治十六年以降八カ年の継続事業として、海軍省に軍艦を建造させることになった。なおこのときの海軍省が予定した整備計画は大艦五、中小艦一五、水雷砲艦一二、計三二隻二六六四トンであった。この計画によって明治十六年度から十八年度までの間に着工あるいは購入を決定したものは、大艦三、中小艦八、水雷砲艦一、計一二隻に達した。

明治十八年（一八八五）十二月内閣官制が制定され、西郷従道が海軍大臣に任命された。同大臣は基本的には川村純義の既定方針を踏襲しながら、列国海軍、就中清国海軍に比し余りにも見劣りが大きいとし、十九年六月海軍公債一七〇〇万円を起こすとともに、新たに五四隻六万六三〇〇トンを建造する案を承認させた。これが第一期軍備拡張計画と呼ばれるものである。

この計画の中には、西郷海相が招聘したフランスの大技監エミール・ベルタンの意見が大幅に採り入れられ、清海軍の巨艦定遠・鎮遠に対抗するための厳島・松島・橋立《はしだて》のいわゆる三景艦が組み入れられた。これら三艦は四二七八トン無装甲帯の海防艦で、性能的には定遠・鎮遠に遠く及ばないものの、三二サンチ砲一門を搭載したところに、ベルタンの着想があった。

これら三艦のうちフランスで製造された厳島は明治二十四年（一八九一）に竣工し、翌二十五年五月日本に回航し、松島もフランスで建造されたが、竣工・回航ともに二十五年であった。これら両艦の完成に対し日本国民の喜びは大変なものであった。このことについて、伊藤正徳はその著『大海軍を想う』で次のように述べている。

「新聞は『海防の安心』を讃えた。海軍はこの二大主力艦を国民に参観させる為に横浜港に繋いで後援に応えるという特別の行事を展示した。建艦公債の話が消えない頃であり、また『定遠』『鎮遠』が憎くて堪らなかった当時だから拝観者は全国から蝟集《いしゅう》し、新橋、横浜間の汽車は二本の臨時列車を出したが運び切れず、プラットホームに多くの死傷者が出る一方、徒歩ではるばる鶴見の高台まで行って遠望する黒山の人に崖崩れが起こり、そこにも怪我人を出すという騒ぎであった。当時の国情民心を語る活きた歴史の一こまであった。」

このような強い反応を示した日本国民の胸中には、その前年（二十四年）清国北洋艦隊の水師提督丁汝昌《ていじょしょう》が旗艦定遠《ていえん》に坐乗し、鎮遠《ちんえん》以下計六隻を率いて日本を訪れ、長崎、東京と各港を歴訪し、三〇・五サンチ四門の砲塔砲や、厚さ三〇センチの舷側鋼板を誇ったデモンストレーションに対する悲憤がこめられていたのである。

なお横須賀で国内建造となった橋立《はしだて》は、明治二十七年（一八九四）完成したが、日清開戦までには三艦がそろい、主隊として編成され、かつ松島は艦隊旗艦として大任を果たした。

第二期軍備拡張　第一期軍備拡張による軍艦の建造は、第一線兵力を飛躍的に充実させたが、いっぽうでは、軍港設備その他のはなはだしい立ち遅れが浮かび上がってきた。

これを聞いた明治天皇は明治二十年（一八八七）三月十四日、時の総理大臣伊藤博文に次の勅語を与え、ついで七月一日、海防費補助として内帑《ないど》金三〇万円を下賜した。

朕惟フニ立国の務ニ於テ海防ノ備一日モ緩クスヘカラス　而シテ国庫歳入未だ遽カニ其巨費ヲ

辨シ易カラス　朕之ガ為メニ軫念《ちんねん》シ茲ニ宮禁ノ儲余三十萬円ヲ出シ聊《いささか》其費ヲ助ク　閣臣旨ヲ体セヨ

伊藤首相は聖旨に感激し、地方長官を集めて聖旨を伝達したので、全国の華族・富豪らはいずれも感涙にむせび、我も我もと進んで海防献金を申し出た。こうして九月末日までにその総額は一〇三万八〇〇〇円に達した。海軍では、これを天皇の賜金と合わせて軍備にあてることにした。

明治二十一年、西郷海相は、二十二年度より五カ年計画で大小艦艇四六隻を建造することを骨子とする、臨時費の要求を起こした。これがいわゆる第二期軍備拡張案と称せられるものである。しかし、この案は閣議の容れるところとならず、けっきょく二十二年度起工の艦艇は、巡洋艦一隻（秋津洲《あきつしま》）、砲艦一隻（大島）、及び水雷艇三隻の建造にとどまった。

明治二十三年（一八九〇）十一月、第一帝国議会が開かれた。同年九月海軍大臣に就任した樺山資紀《すけのり》は、西郷前大臣の計画を継承し、これに鎮守府増設等の計画を加えて閣議に提出した。当時、日本海軍は老朽艦を除いて約五万トン保有していたが、樺山海軍大臣は、日本の防衛には二〇万トンまで拡張する必要があるとし、ただし財政状態を考慮して、第一期七カ年に一二万トンを要求した。

閣議はこの案をさらに圧縮して、二十四年以降五カ年を第一期とし、巡洋艦二隻を含む計五隻（六八一〇トン）と決定して、これを第一帝国議会に提出し、その協賛を得た。これによって建造されたのが巡洋艦吉野及び須磨である。

このうち吉野は英国に発注され、二十五年起工、翌二十六年竣工した。四二〇〇トン、六インチ速射砲四門と四・七インチ速射砲を装備し、速力二二・五ノットで、当時の最速艦とみられた。須磨は二十九年横須賀造船所で竣工した。

樺山海軍大臣は、翌年二十四年（一八九二）七月、再び甲鉄艦四隻を含む一一隻の艦船と水雷艇六〇隻の建造案をたて、内閣に提出したが、衆議院の解散によって流れた。そこで、三度これを二十五年度以降七カ年継続事業に変更し、第三議会に提出したが、否決された。

樺山に代わった仁礼景範《にれかげのり》海軍大臣は、二十五年十月、さきに樺山前大臣が計画した海軍勢力最少限一二万トンを標準とし、甲鉄艦四隻、一等巡洋艦四隻を主体とする各種艦艇合計一九隻（八万七八〇〇トン）を計画し、その一部が第四議会に提出されたが、当時政府対野党の抗争がはげしく、軍艦予算はそのあおりで否決された。

明治天皇は事態を深く憂慮して、二十六年二月十日、各国務大臣、各枢密顧問官、及び貴衆両院議長らを宮中に集め、政府と議会との和協一致を諭し、かつ六カ年の間、毎年内帑金三〇万円を下賜するほか、同年月間、各自俸給の一〇分の一を納金して、製艦費の補充に充てるよう示達した。

三〇万円の内帑金は皇室費の一割以上に相当し、それが専ら天皇の身辺費から捻出されたものであり、聖慮に感激しないものはなかった。衆議院は直ちに「和衷協同」の奉答文を捧呈した。議員もまた、進んで年俸の四分の一を製艦費として献金することに決した。

そこで衆議院はただちに予算案を再議修正し、貴族院も同意して、ここに軍艦製造費として一八〇八万余円を、明治二十六年度以降三十二年度までに支出することになった。これによって富士・八島・明石・宮古四艦の新造が決定した。

その結果、二十五年既定の海軍勢力一二万トンを実現することになるが、これら二十六年計画艦は、日清戦争には間に合わなかった。

なお、日清戦争直前における日本海軍の兵力は、軍艦三一隻、水雷艇二四隻、総排水量六万一三七三トンで、他に建造中のもの軍艦六隻（三万三三三〇トン）、水雷艇二隻（一六五トン）であった。しかし、清国海軍に比較すると、とうてい敵することのできない貧弱なものであった。

特に、本格的な装甲戦艦富士・八島が就役しておらず、装甲艦といえば老朽艦扶桑一隻にすぎなかった。

しかし、三景艦がそろい、吉野が戦列に参加し、鎮守府等後方施設や軍令部等の軍令機関も発達し、常備艦隊の編成も行われて、最低限の均衡海軍が成立していたといえる。しかしそれは、まさに息きれぎれに疾走してきたようなもので、日清戦争というゴールにようやく達することができたとみるべきであろう。

なお明治十六年から明治二十六年までに、日本国内で建造され、あるいは外国から購入した軍艦を一覧で示せば、次のとおりである。

（年）	（艦名）	（艦種）	（排水量）	（主　砲）	（製造所）
明治十六年	筑紫	巡洋艦	一三五〇トン	二六サンチ砲二	英国
十七年	海門	〃	一三五八	一七サンチ砲一	横須賀
十八年	天龍	〃	一五四七	〃	〃
十九年	浪速	〃	三六五〇	二六サンチ砲二	英国
〃	高千穂	〃	〃	〃	〃
〃	畝傍	〃	三六一五	二四サンチ砲四	仏国
二十年	葛城	〃	一四八〇	一七サンチ砲二	横須賀
〃	大和	〃	〃	〃	小野浜
二十一年	武蔵《二代》	〃	〃	〃	横須賀
〃	摩耶	砲艦	六一四	一五サンチ砲二	小野浜
〃	満珠	航海訓練艦	八七七	二〇ポンド砲二	〃
〃	千珠	〃	〃	〃	〃
〃	鳥海	砲艦	六一四	二一サンチ砲一	石川島
二十二年	愛宕	〃	〃	〃	横須賀
〃	高雄《二代》	巡洋艦	一七七四	一五サンチ砲四	横須賀

二十三年	八重山	通報艦	一六〇九	一二サンチ砲三	〃
〃	赤城	砲艦	六一四	一二サンチ砲四	小野浜
二十四年	千代田	巡洋艦	二四三九	一二サンチ速射砲一〇	仏国
二十五年	厳島	海防艦	四二一〇	三二サンチ砲一	仏国
〃	千島	砲艦	七五〇	一二サンチ砲四	仏国
〃	大島	砲艦	六四〇	速射砲一一	小野浜
〃	松島	海防艦	四二一〇	三二サンチ砲一	仏国
二十六年	吉野	巡洋艦	四一六〇	一五サンチ砲四	英国

〈備考〉①筑紫……明治十二年竣工、十六年購入
②畝傍……明治十九年仏国より日本に回航中、シンガポール出港後行方不明。同二十二年亡没と認定

常備艦隊の編成

鎮守府の開設　鎮守府は海軍の根拠地であり、艦隊の後方を統轄する中核である。歴史的には、明治四年（一八七一）、兵部省内に設置された海軍提督府に出発しており、当時の任務は付近港湾の防

備であった。

明治八年、日本の周辺を東西の二海面に分け、東西両指揮官を横浜と長崎において提督府の事務を掌らせ、かつ一六隻の諸艦を二分して両指揮官の指揮下においた。翌九年にはこれを廃止、東海・西海の両鎮守府がこれに代わり、東海鎮守府が横浜に仮設された。十七年十二月、横須賀に移転、同時に横須賀鎮守府と改称された。

次いで明治十九年の海軍条例で、全国の海岸及び海面を五海軍区に分かち、各海軍区に鎮守府及び軍港が設置され、横須賀を第一海軍区の鎮守府に、第二海軍区の鎮守府を呉に、第三海軍区の鎮守府を佐世保におくことが定められ、両鎮守府は明治二十二年（一八八九）七月に開庁した。また第四海軍区の鎮守府を舞鶴に、第五海軍区の鎮守府を室蘭に置くこととなり、舞鶴鎮守府は同三十四年に開庁したが、室蘭鎮守府は遂に開庁するに至らなかった。

なお日露戦争直後、旅順に鎮守府（明治三十八年十月）が開庁されたが、大正三年要港部に格下げされた。また日韓併合に伴い明治四十四年一月鎮海を軍港とする第五海軍区が設定されたが、鎮海は要港部にとどまった。

その後ワシントン海軍軍縮条約調印に伴う軍縮により大正十二年三海軍区制となり、舞鶴鎮守府は廃止され要港部となったが、昭和十四年鎮守府として復活した。

ところで鎮守府の任務組織等については、明治十九年四月海軍条例と同時に発令された鎮守府官制、次いで明治二十二年これに代わった鎮守府条例によって、ほぼその基本が概定された。これによれば、鎮守府司令官の任務は「管内ニ於テ軍令ヲ主掌シ、軍紀風紀訓練ヲ董督シ軍政ヲ管理ス」と定められた。これは具体的には、鎮守府が海軍根拠地としてのいわゆる後方機能とともに、内線部隊の性格をもつことを示すものである。このことは鎮守府の内部組織として、幕僚・軍港司令官・造船部・兵器部・主計部・建築部が定められ、軍港司令官の下に教育部隊としての海兵団、軍港の防備にあてる水雷隊及び鎮守府所属の艦船をおき、またその管轄下に鎮守府衛生会議・鎮守府会計監理部・鎮守府軍法会議の特別機関が置かれたことによって裏付けられる。

言うまでもなく艦隊がその任務を遂行するには、随時碇泊し休養補給のできる港を必要とし、また造修施設を保有しなければならない。また外戦部隊として専ら外敵に備えさせるためには、沿岸近海等の常続的警備任務は、適当な他の部隊に譲る要がある。日清戦争までには一部の鎮守府しか開設されなかったが、それでも当時編成された常備艦隊に対する後方を安定させる上に大きく寄与した。

海軍軍令機関の発達　軍隊を管理運営するには軍政軍令の両面がある。有事における部隊運営、ならびにそれに通ずる平時の諸準備・訓練等は後者に属する。創設期の軍隊が専ら軍政面に追われるのは当然であり、したがって軍令を所掌する部門は、参謀局として陸軍省の一局にすぎなかった。

明治十一年（一八七八）十二月参謀局が廃され、新たに参謀本部が設置され、陸軍省と並んで天皇に直隷するようになった。これがいわゆる軍令機関の独立である。これは西南戦争の経験から、当時陸軍省内にあって軍令軍政の一元組織をとったことが不適であるとの指摘がなされたこと、他方ドイツが軍政と軍令を分離していたことに学んだものであった。

これに対し、海軍は創設以来軍令軍政はともに海軍卿（のち海軍大臣）のもとにあった。明治十九年（一八八六）三月参謀本部条例が改訂され、本部長を皇族とし、その所掌を「陸海軍の軍令事項」とし、海軍については「各鎮守府、各艦隊の参謀部を統括」することになった。したがって本部長の下に、陸海軍次長が置かれ、海軍については、仁礼海軍中将が初代参謀本部次長となった。

二年後の明治二十一年五月参軍制が制定され、参軍を「帝国全軍の参謀長」とし、その下に陸海軍参謀本部長がおかれた。しかし二十三年三月、海軍軍令機関は再び海軍大臣の下に復した。その理由は明確ではないが、小世帯の海軍にとっては無駄が多かったためと思われる。

ところが二十五年（一八九二）十一月、当時の仁礼海相はこれを不適とし、独立の「海軍参謀部」を設置するよう、次のように理由を明快に述べて伊藤首相に建議した。

「抑軍事ノ性質トシテ軍機戦略ニ関スルコトハ実ニ特異ノ規画ヲ要ス　之ヲ不覊《ふき》独立ノ位地ニ置キ確乎一定ノ軌道ニ由ラシメサレハ啻ニ軍勢兵力ノ一致ヲ傷フノミナラス　軍事行政ノ基礎モ亦鞏固《きょうこ》ナル能ハス　況《いわん》ヤ軍事日ニ複雑ニ赴クノ今日ニ至テハ宜シク一歩ヲ進メ軍事計画ノ職ヲ分チ独立機関ト為シ　其職権ヲ増スト同時に責任ヲ尽サシムヘキ方針ヲ取ルハ　実ニ目下ノ急務ナリト信ス」

これに対し、参謀本部側から参謀総長と相競合するなどの強い反対が表明されたため、遂に閣議に至らなかった。けっきょく天皇の指示によって、陸海首脳の間で会同が行われた結果、二十六年五月十九日海軍軍令部条例が制定され、「海軍軍令部」として独立した。その条例の主な条項は次のとおりである。

第一条　海軍軍令部ヲ東京ニ置ク出師《すいし》作戦沿岸防禦ノ計画ヲ掌リ鎮守府及艦隊ノ参謀将校ヲ監督シ又海軍訓練ヲ監視ス。

第二条　海軍大将若クハ海軍中将ヲ以テ海軍軍令部長ニ親補シ　天皇ニ直隷シ帷幄《いあく》ノ機務ニ参シ部務ヲ管理セシム。

第三条　戦略上事ノ海軍軍令ニ関スルモノハ海軍軍令部長ノ管知スル所ニシテ之カ参画ヲナシ親裁ノ後平時ニ在テハ之ヲ海軍大臣ニ移シ戦時ニ在テハ直ニ之ヲ鎮守府司令長官艦隊司令長官ニ伝宣ス。

第四条　海軍軍令部長ハ勅ヲ奉シ検閲使ト為リ鎮守府及艦隊ノ検閲ヲ行フ。

しかしその海軍軍令部長も、同時に制定された戦時大本営条例によって、戦時には参謀総長の隷下に入ることになった。なお、海軍軍令部が「軍令部」と改称され、海軍軍令部長が「軍令部総長」と改称されたのは昭和八年九月の条例改正で、さらにそれを受け、昭和十二年十一月十七日大本営令の制定によって、大本営において両総長は並立となり、太平洋戦争に至った。しかし結果は、陸海軍の軍令機関は最高のところで統一されるべきであったことを教えている。

常備艦隊の編成　海軍の戦略単位は艦隊である。戦略単位とは、独自で予定される戦略任務を達成できる部隊構成をいう。したがってそれは必ずしも構成艦船の隻数やその規模にこだわらない。明治三年普仏戦争に際して局外中立を宣言した日本政府が、外国貿易港及び海岸諸要区を警備するため、横浜・兵庫・長崎に艦船を派遣したとき、その微々たる兵力に艦隊の名を用い小艦隊と称したが、前述の意味で差し支えない。もっとも、これ以前にも部隊編成が行われたことは既述のとおりである。

翌四年に小艦隊、五年中艦隊、そして明治十八年（一八八五）十二月二十八日常備小艦隊へと発展した。常備とは役務による名称で、わが海軍で名称をもった最初の艦隊である。

明治十九年四月二十二日に発布された海軍条例は、初めて軍令と軍政を区分し、海軍区・軍港・要港・鎮守府に関する基本を定めるとともに、艦隊について「艦隊ハ大艦隊・中艦隊・小艦隊ノ三種ニ区別ス」（第十条）、「艦隊司令長官及司令官ハ艦隊ヲ統率シテ環海ヲ守衛シテ攻守ノ役ニ服ス」（第十一条）、「艦船ハ各鎮守府及各艦隊ニ分属ス」（第十二条）と艦隊の種別及び任務ならびに艦船の所属等を規定した。しかし実際に編成されたのは常備小艦隊であった。

以上のように、これまでに編成された艦隊はすべて中または小と格付けされており、作戦能力に一定の限界のあることを示している。こうした格付けがはずされたのは、二十二年七月二十九日新編された常備艦隊である。艦隊司令長官には海軍少将井上良馨が任命された。常備艦隊は随時有事に対応できる均衡のとれた艦隊を意味するとみてよい。

常備艦隊は逐年新造艦を編入して陣容を整え、いっぽうでは訓練・演習等を反復して練度の向上につとめた。なお日本海軍の象徴となった連合艦隊の最初の編成は、日清戦争直前の明治二十七年七月十九日である。

2　輝く日本海軍

日清戦争

日清両国の対立　日清戦争は、朝鮮をその藩屏《はんぺい》国（一種の属国）と主張する清国と、逆に完全な独立国と見る日本が互いに対立を深める中で、明治二十七年（一八九四）朝鮮に起きた内乱に際して出兵したのを機に、その主張を貫徹しようと武力に訴えたことによって勃発した。したがって本質的には朝鮮をめぐる日清両国の覇権《はけん》争いとみることができるが、実際にたどった開戦経緯は相当に入り組んでいる。

前述のような日清両国の対立を歴史的にみると、明治八年（一八七五）の江華《こうか》島事件にさかのぼる。これはわが軍艦雲揚《うんよう》が江華島近くで同島の守備隊から砲撃された事件で、日本政府は黒田清隆を全権大使として送り、「日鮮修好条規」を締結させたが、その第一条に「朝鮮国ハ自主ノ邦《くに》ニシテ日本国ト平等ノ権ヲ保有セリ……」と明記された。これは真っ向から清国の主張を否定したもので、清国を強く刺激した。しかもこれを契機に、朝鮮では独立開化を主張する親日派が勢力を得た。

以後朝鮮では、清国依存の現状維持派と独立を主張する親日派とが、李王朝内の宮廷派閥と結んで権力争いを繰り返すことになる。明治十五年の壬午の変、続く同十七年の甲申の変はともにその現れで、実体はクーデターの繰り返しである。これら両変に際し、日清両国とも出兵するが、圧倒的に優勢な清軍の前に日本はわずかに居留民保護がせいいっぱいで、両変のあと政権は清国依存の閔氏《びん》（王妃一族）一派の手に帰した。

もちろんわが国が受けた損害については条約（前者は済物浦条約、後者は京城条約）によって賠償が定められたが、日本政府はこれを不十分として、改めて伊藤博文を天津に派遣して交渉に当たらせ、ようやく天津条約にこぎつけた。しかし清国に朝鮮の独立を認めさせるというわが最大のねらいは、清国代表李鴻章《りこうしょう》によって完全に拒否された。したがってこの条約の締結後も両国関係は少しも好転せず、紛議が続発した。なかでも明治二十七年（一八九四）三月生起した、かつての独立党の指導者で親日派の巨頭金玉均《きんぎょくきん》が、朝鮮王の放った刺客によって上海で暗殺され、しかもその死体が清国の軍艦で朝鮮に運ばれてさらし首にされるという事件は、日本の国威を傷つけたものとして日本の官民を激昂させた。

たまたま時を同じくして朝鮮南部に起きた東学党の乱（東学とは西学、すなわち朝鮮より西のキリスト教及び儒教に対し朝鮮固有の文化の意）はたちまち朝鮮全域に広がっていった。鎮圧に不安を生じた朝鮮政府は清国に援助を求めた。清国はただちにこれに応ずることを決定し、六月六日第一陣として約二六〇〇名の陸兵をソウル近くの牙山に送った。

開戦の決定　日本政府は清国の朝鮮派兵の情報に接し、六月二日の閣議で一個混成旅団（約七〇〇〇名）の派兵を決定した。居留民保護の名目からしても、また前二回の変に比しても過大と思われる兵力の決定は、時の外務大臣陸奥《むつ》宗光が、前二回の教訓として、力の裏付けなくしては清国との交渉はできないという外交判断に対し、それを全面的に支持する陸軍の実力者川上操六参謀次長が、そのためには一戦を辞せずと決意したことによるものであった。

予想外の日本の強腰に退くに退かれなくなった清国の実力者李鴻章（直隷総督兼北洋大臣）はロシアに調停を依頼し、さらに英国へも依頼した。独仏も日清両国の妥協を希望する表明を行った。加えるに東学党の乱は鎮定され、現地大鳥公使からの派兵不要の意見具申が入電した。

情況の変化を認めた陸奥外相は六月十四日、閣議の承認を得て当面の目標を朝鮮の内政改革に切り替えた。その主旨は朝鮮における禍根はその内政にあるから、この機会に日清協同で朝鮮の内政を改革整理し、財政を整頓しようというものであった。そしてもし清国が賛同しなければ、日本独力でも断行すると付言した。清国はこれを拒否し、かつ日本の撤兵を要求した。陸奥外相は六月二十二日の御前会議の議を経て清国の回答を反駁《はんばく》し、かつ撤兵の要求を拒否する文書を送った。これが第一次絶交書とよばれるものである。

日本政府は先の方針に基づいて、単独で七月三日大鳥公使をして内政改革に関する交渉を開始させたが、朝鮮政府は七月十六日これを拒絶した。これより先、七月十二日、閣議は清国との国交を中絶すべしとの決定を行った。これに基づき政府は、小村駐清臨時公使をして第二次絶交書とよばれる次の通告を行わせた。その文書は、朝鮮の内政改革に関する日本の提案に対し、清国は日本の撤兵だけを主張してまったく耳を傾けようとしないと難じた後、「是即ち貴国政府が事を好むものに非ずして何ぞや。事既に此に至る。将来因って以て生ずるの事態は、帝国政府の責に任ずるところに非ざるなり」と結んでいる。

いったん強硬な態度を見せたロシアもその国内事情から対日態度を和らげ、英国とは十六日新通商航海条約調印の運びとなった。七月十七日大本営会議が開かれ開戦が決定し、十九日大本営は現地派遣の大島旅団長に対し、もし清国が増兵するときは独断処するよう命ずるとともに、連合艦隊の朝鮮西岸への出動を下令した。また同日付守勢論者の中牟田《なかむた》海軍軍令部長に代わって新たに予備役海軍中将樺山資紀《すけのり》が現役に復して任命された。

朝鮮政府の拒絶（七月十六日付）に接した大鳥公使は、陸奥外相の意を受け、重ねて七月二十二日までの期限を付した要求書を朝鮮政府に手交した。回答は即日もたらされたが、内容は日本にとって満足ができるものではなかった。よって同公使は期限切れの翌二十三日早朝を期して、わが一個連隊をもって王宮を囲ませた。

驚いた国王は大院君《だいいんくん》を入れて執政とした。これがいわゆる七月二十三日の変である。大院君はただちに新政府を組織し、大鳥公使の助力を求めて内政改革に着手するとともに、清軍駆逐の大鳥公使の要求を容れた。同公使はこの旨を大島旅団長に通知し、同旅団長は二十五日作戦行動を開始して牙山に向かい、二十九日成歓《せいかん》の戦いとなった。また海上では二十五日小衝突（豊島《ほうとう》沖海戦）が勃発し、陸海とも日本軍の大勝となった。この情勢を受けて日本政府は七月三十一日、清国との交戦状態に入ったことを各国に通知し、次いで八月一日宣戦の詔勅を発した。詔勅は開戦理由を明らかにしているが、その中の次の一句はその核心にふれたものである。「朝鮮ハ帝国カ其ノ始ニ啓誘シテ列国ノ伍伴ニ就カシメタル独立ノ一国タリ而シテ清国ハ毎ニ自ラ朝鮮ヲ以テ属邦ト称シ……」

いっぽう清国にあっては、事態発生以来皇帝の周辺に対日強硬論が高まり、七月中旬までに作戦計画の最終検討を終え、二十日すぎには皇帝は開戦を決意した。宣戦の上諭《じょうゆ》は多少遅れ日本と同じ八月一日発せられた。その上諭は「朝鮮ハ我大清ノ藩属タルコト二百余年……」の言葉で始まり、日本がこの清鮮関係を故意に侵したと強調し、開戦の根本理由としている。

戦争準備　京城の変以後、日本が仮想敵国を露国から清国に移して軍備の増強につとめたことは第一章で述べたとおりで、開戦時点で陸軍は野戦兵力七個師団一二万を基幹とするに至った。

この兵力は清国陸軍歩兵一九二営三〇万に比べればはるかに劣勢であるが、川上参謀次長は清国の軍情を視察して、装備、練度及び士気の点で日本軍がはるかに優れており、勝算我にありと判断した。

これに対し海軍については、次表に示すとおり、清軍が巨艦定遠《ていえん》・鎮遠《ちんえん》を有することにおいて断然優勢であり、またその練度においても日本海軍を凌駕《りょうが》すると見られていた。なお次表は主要艦艇であるが、小艦艇を合わせた総兵力は日本は軍艦三一隻（五万九〇〇〇トン）、水雷艇二四隻（一四七〇トン）で、清国は軍艦八二隻、水雷艇二五隻（計八万五〇〇〇トン）であった。

日本（上）・清国（下）海軍戦力

艦名	艦種	排水量(トン)	主要砲装	速力(ノット)	備考
松島	海防艦	4278	32サンチ砲1 12サンチ速射砲12	16	連合艦隊旗艦
厳島	〃	〃	32サンチ砲1 12サンチ砲11	〃	本隊
橋立	〃	〃	〃	〃	〃
吉野	巡洋艦	4216	15サンチ速射砲4 12サンチ速射砲8	22.5	第1遊撃隊
浪速	〃	3709	26サンチ砲2 15サンチ砲6	18	〃
高千穂	〃	〃	〃	〃	〃
秋津洲	〃	3150	15サンチ速射砲4 12サンチ速射砲6	19	〃
扶桑	甲鉄フリゲート	3777	24サンチ砲4 15サンチ砲2 12サンチ砲4	13	本隊
千代田	甲鉄帯巡洋艦	2439	12サンチ速射砲10	19	〃
比叡	甲鉄帯コルベット	2284	12サンチ砲2 7.5サンチ砲2 8サンチ砲2 15サンチ砲6	13	〃
赤城	砲艦	622	12サンチ砲4	10	西海艦隊

艦名	艦種	排水量(トン)	主要砲装	速力(ノット)
定遠	甲鉄砲搭艦	7335	30.5サンチ砲4 15サンチ砲2 7.5サンチ砲4	14.5
鎮遠	〃	〃	〃	〃
来遠	〃	2900	21サンチ砲2 15サンチ砲2	15.5
経遠	〃	〃	〃	〃
平遠	甲鉄砲艦	2100	26サンチ砲1 15サンチ砲2	11
済遠	巡洋艦	2300	21サンチ砲2 15サンチ砲1	15
靖遠	〃	〃	21サンチ砲3 15サンチ砲6	18
致遠	〃	〃	〃	〃
超勇	巡洋艦	1350	10サンチ砲2 12サンチ砲4	15
揚威	〃	〃	〃	〃
広甲	〃	1300	15サンチ砲2 12サンチ砲4	10
広乙	〃	1000	12サンチ砲3	17
広丙	〃	1300	12サンチ砲3	〃
鎮南	砲艦	400	11サンチ砲1	8
鎮中	〃	〃	〃	〃
福龍	巡洋水雷艇	115	水雷発射管4	23
2.3等水雷艇	約20隻			

朝鮮出兵が決定した直後の六月五日、大本営が参謀本部内に設置された。大本営は、明治二十六年五月十九日制定された「戦時大本営条例」によるもので、戦時に陸海軍を統一指揮する最高統帥部であり、開戦時の陣容は次のとおりである。

幕僚長陸軍大将有栖川宮熾仁《ありすがわたるひと》親王（参謀総長）、陸軍上席参謀陸軍中将川上操六（参謀次長）、海軍上席参謀海軍中将樺山資紀（海軍軍令部長）。なお陸相は陸軍大将大山巌、海相は海軍大将西郷従道であった。

この機構において、実際には川上上席参謀が作戦計画を指導したが、開戦と同時に直隷《ちよくれい》平野の決戦に持ち込むという彼の持論は、海軍省主事山本権兵衛《ごんべえ》海軍大佐が、制海権の保障なくしては全くの空論にすぎないという反論によって一蹴された。その海軍は実は清国艦隊に対して成算どころか怖気《おじけ》を抱いていたのである。

こうして八月五日に決定した大本営の作戦計画は、海軍が負けることも考慮に入れた特異なものとなった。

一、第一期作戦　第五師団を朝鮮に進めて清軍を牽制する。艦隊は清国艦隊を求めて撃破し、制海権を獲得する。その他の陸海軍部隊は内地にあって出征準備をすすめる。

二、第二期作戦　次の三案を計画し、その選択は第一期作戦の結果による。

甲　制海権を掌握し得た場合は、陸軍の主力を山海関に上陸させて、予定の如く直隷平野において決戦を行う。

乙　制海権を確保し得ないが、清国海軍もまた日本近海を制することができない場合は、陸軍を朝鮮に進め朝鮮の独立をたすける。

丙　海戦我に不利で、制海権が敵に奪われた場合は、朝鮮にある第五師団を諸種の手段をつくして援助するとともに、陸軍の主力は内地にあって防備を整え、敵の来攻を待って撃退する。

七月二十三日連合艦隊は、大本営からの「朝鮮西岸の海面を制し、安眠《あんみん》島もしくは豊島付近に仮根拠地を占領せよ」の命令に基づいて佐世保を出撃した。当時の連合艦隊の固有編成及び出撃時の艦隊区分は次表のとおりである。

〈固有編制〉

連合艦隊
司令長官　海軍中将　伊東祐亨
参謀長　海軍大佐　鮫島員規
（旗艦　松島）

- 常備艦隊
  - 司令長官　海軍中将　伊東祐亨
  - 司令官　海軍少将　坪井航三
- 西海艦隊
  - 司令長官　海軍少将　相浦紀道

〈艦隊区分〉

第一遊撃隊

吉野（司令官旗艦）　秋津州　浪速

本隊

第一小隊――松島（司令長官旗艦）　千代田　高千穂

第二小隊――橋立　厳島

第二遊撃隊

葛城《かつらぎ》（司令長官旗艦）　天龍　高雄　大和　比叡（水雷艇母艦）　愛宕　麻耶（門司丸護衛艦）

緒　戦　七月二十三日佐世保を出撃した第一遊撃隊は、仁川を出港して来会する予定の八重山を迎えるため先行した。二十五日午前七時前、豊島付近で二隻の清国巡洋艦（済遠・広乙）に遭遇した。済遠がまず発砲して海戦となり、広乙はついに陸岸に擱坐炎上、済遠は遁走した。ちょうどその時通りかかった清国輸送船高陞号《こうしょう》（英国籍）は、わが浪速（艦長東郷平八郎大佐）に捕捉された。陸兵を搭載していることを確認した東郷艦長は、同船が命に従わないので撃沈した。

高陞号撃沈は英国の世論を激昂させ、同時にわが政府をあわてさせたが、英国の国際法学者オックスフォード大学教授ホーランド博士が、浪速の行動は戦時国際法のどの条項にも違反しないとの論文を発表したため、英国の反日世論はたちまち鎮まった。開戦劈頭《へきとう》のこの事件は日本海軍の国際的権威を著しく高めたばかりでなく、高陞号とともに一二〇〇名の清国の陸兵と一四門の砲が失われたことは、これらの牙山への増強を阻止したことになり、四日後に行われたわが陸軍の牙山《がさん》攻撃（成歓の戦い）を大きくたすけたことになる。

豊島沖の海戦は、小衝突にすぎなかったが、その勝利は、海軍に不安を抱いていたわが朝野を喜ばせた。加えるに二十九日には成歓の勝利となり、陸海軍相携えて緒戦を飾った。

黄海海戦　宣戦の詔勅が下された翌日の八月二日、大本営は連合艦隊司令長官に対し「敵海面ヲ制スルタメ敵艦隊ヲ撃滅セヨ」と命じた。

このとき連合艦隊旗艦は大東河口付近にあったが、この命によって伊東長官は連合艦隊の大部を率いて、九日錨地発威海衛《いかいえい》の攻撃に向かい、翌早朝同湾外に達したが、敵艦隊は所在せず空振りに終わった。

以後連合艦隊はもっぱら第五師団（師団長野津中将）の護送にあたり、他方清艦隊も沿岸行動に終始したため、八月十四日になっても海戦は生起しなかった。よって同日大本営は作戦計画乙の採用を令するとともに、第三師団（師団長桂《かつら》中将）を朝鮮半島に用いることを決定した。八月中旬までに制海権を獲得しなければ、渤海《ぼっかい》湾氷結のため作戦計画甲の適用は不可能となるからである。

連合艦隊は引き続き両師団の護送に専念するが、揚陸先は、初め敵艦隊の顧慮甚大とみて、釜山《ふさん》及び元山を主として用い、後に仁川《じんせん》主用に変えた。朝鮮に上陸したこれら両師団は九月一日第一軍（軍司令官陸軍大将山県有朋）に編成され、同軍は平壌を目標に作戦を開始し、九月十六日、激戦の末平壌を占領した。

海軍作戦の不振を不満とする樺山軍令部長は、八月十五日伊東長官に対し「直隷湾ニ陸軍ノ大兵ヲ進ムルニハ時機既ニ遅レタリ（中略）但シ海戦我ニ有利ナレバ或ハ陸海両軍連合シテ旅順半島ヲ占領スルノ計ニ出ツルヤモ知ルベカラズ。貴官ハ能ク此ノ企画ヲ参酌セラレンコトヲ望ム」と苦言を打電したが、遂に自ら九月六日現地（長直路《ようちよくろ》）に乗り込み、長官に対しただちに敵を求めて出撃するよう面と向かって促した。

明らかに優勢な敵艦隊との決戦に慎重な態度をとってきた伊東長官もここにおいて意を決し、九月十六日錨地（小乳毒縣角《ちよつべきかく》）発、敵を求めて黄海北部に向かった。

いっぽう、もっぱら陸軍護送の沿岸行動に従事していた清海軍の主力北洋艦隊も、この時たまたま提督丁汝昌《ていじよしよう》に率いられて同海域にあった。

十七日正午前、両軍同時的に相手の檣《マスト》を視認し、即座に敵と判断、ただちに接敵開始、約一時間後に発砲、黄海海戦となった。戦闘開始時（十七日一二五〇）の両軍の態勢は左図のとおりである。

この海戦は衝撃戦法によろうとする清艦隊と砲戦（特に肉迫速射砲射撃）による日本艦隊との戦いで、約四時間にわたって時に舷々摩する死闘が展開されたが、一三時三〇分超勇が沈没したのを初めとし、清軍に被害続出し、一六時頃から清艦隊は遁走を始めた。伊東長官は敵水雷艇の夜襲を顧慮して追撃

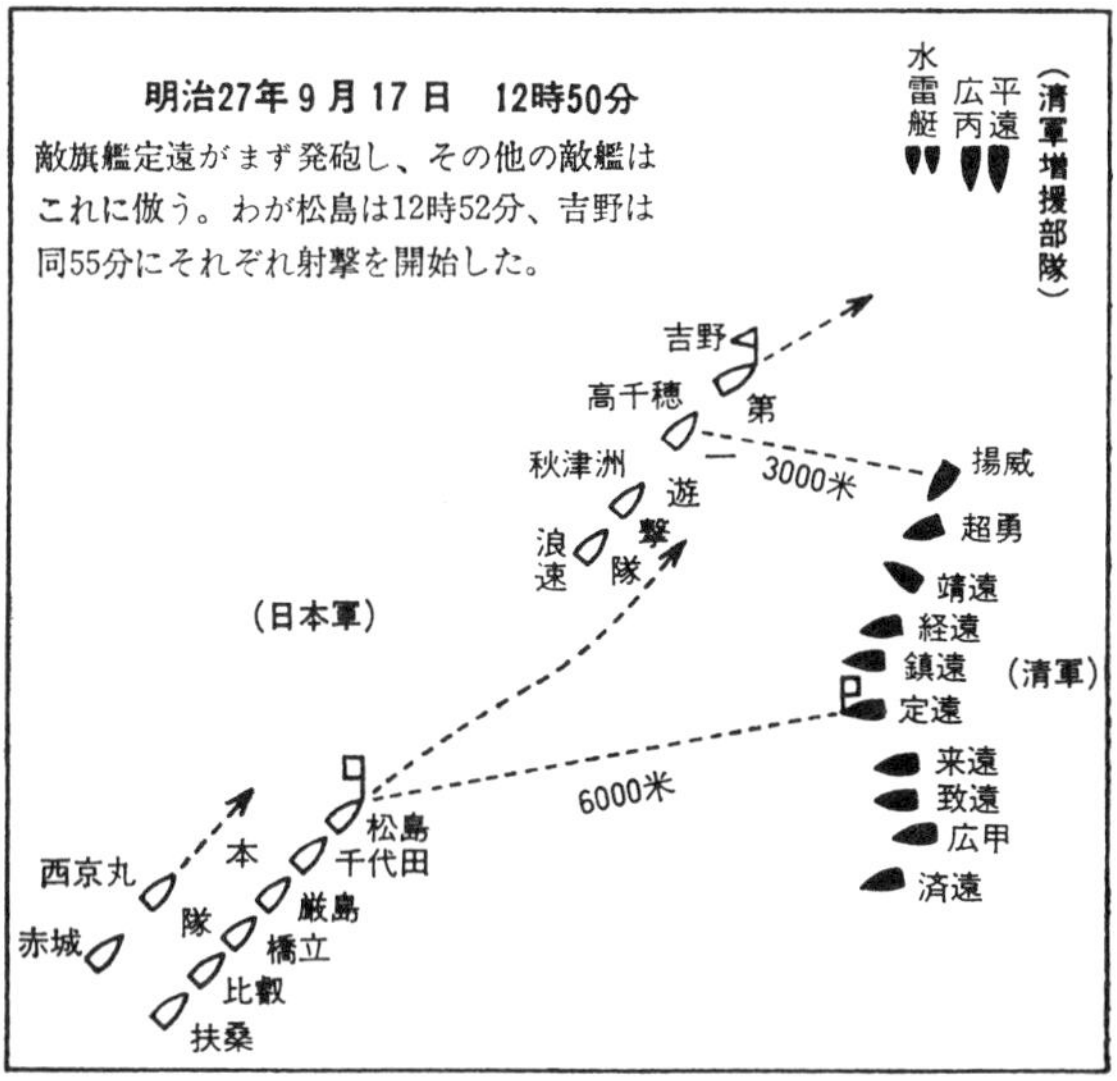

を断念し、一七時四〇分集結を令した。翌朝威海衛沖で待ち受けたが、敵艦は旅順に遁走したため会敵できなかった。

この戦いでわが損害は旗艦松島が被弾して多数の死傷者を出し、かつ修理のためいちじ内地に帰らなければならなくなったほかは、極めて軽微であった。もちろん沈没艦は一隻もなかった。

これに対し清軍は一二隻中五隻を失い、その他の諸艦も損傷が大きく、定遠・鎮遠も沈みこそしなかったが引き続き任務につくことのできないほど、その損害は大きかった。

日本軍の大勝の原因は、運動自由な縦陣を用いて速射砲の威力を発揮したことにあった。これは当時世界的に重視され、丁提督が用いた楔《くさび》形陣形による衝撃戦法に勝ることを示した。もっとも、日本海軍がこの陣形を用いたのは論理的な詰めからではなく、技倆の点で日本海軍は縦陣しか戦闘運動がこなせないと判断したからであるが、それは「己れを知った」戦法の選択であったのである。

また、樺山海軍軍令部長は海軍作戦の総元締めの身をもって、遠く現地に乗り出し、西京丸甲板上にあって泰然として戦況を見守ったが、そのことが艦隊将士に大きな激励となり督戦となったことも、勝因の一つとして見逃すことができない。

威海衛作戦　黄海海戦の大勝によって黄海の制海権は日本軍に帰した。その結果、九月二十六日に編成された第二陣（第一・第二師団及び混成第十二旅団、軍司令官陸軍大将大山巌）は遼東半島（花園口《かえんこう》）に揚陸することができた。

第二陣はただちに金州・大連・旅順等を占領するとともに北上して第一軍に協力、海城で難戦に陥っていたわが第三師団を援け、以後両軍協力して遼河平原を戡定《かんてい》しつつ逐次大連に集結し、雪解け後の直隷《ちょくれい》決戦に備えた。

この時伊藤総理大臣から参謀総長に対して「このまま直隷決戦に持ち込めば、日本軍が大勝することは間違いないであろうが、それは同時に清朝を崩壊させ、講話の話し相手も失うことになる。それ故、この際は威海衛の残存艦隊の撃滅を試みるのがよい。また台湾は列国の関心もうすいから、これを攻略し、平和条約締結の際の譲与の一要件としたい」との申し入れがなされた。

大本営においても、威海衛に潜む定遠・鎮遠をそのままにして渤海《ぼっかい》湾へ大軍を輸送することは危険であるとみており、また台湾を将来の南方発展の基地にすべしとの意見もあったので、この伊藤首相の提議を容れて、ただちに威海衛作戦および澎湖島作戦を実施することとした。

一月二十日から二十四日にわたって栄城湾に上陸した第二軍は、二月二日威海衛陸上砲台を占領した。海軍は連合艦隊の全力を威海衛沖に集結し、陸軍に呼応して逐次港内に迫り、二月四日及び五日の夜、海戦史上初めての水雷艇による夜襲を敢行した。これによって定遠は被雷して坐礁後自爆し、艦長劉少蟾《りゅうしょうたん》は艦と運命を共にした。

これより先、伊東長官は丁提督に対し親書を送り、切々と真情を吐露して降伏をすすめた。その丁提督は、二月十二日伊東長官に対し降伏を申し入れた後自殺し、威海衛にあった鎮遠以下一〇隻の残存艦艇はわが軍に接収され、ここに北洋艦隊は完全に滅亡した。なお鎮遠艦長林泰曹《りんたいそう》も丁汝昌に先立って自決した。

圧倒的な優勢を保持しながら北洋艦隊が惨憺たる壊滅に終わった根本原因は、その用法を誤ったことにあった。それは丁提督の上司李鴻章が、積極攻勢を主張する丁提督の言を容れず、もっぱら艦隊保存策をとり、陸軍直衛の沿岸行動に終始させたため、日本軍特に輸送船団を攻撃する好機を逸したことである。

澎湖島の攻略は、陸軍混成一個連隊を連合艦隊司令長官の指揮下に入れて行われた。艦隊は三月十五日佐世保を出港し、二十三日上陸を開始し、二十五日全島を占領した。

戦争の終結　列強はこの戦争を自国の利権行為に利用しようとねらっており、黄海海戦で清軍が大敗するとさっそく日清両国の講和の斡旋を申し出た。李鴻章は進んでこれに応ずる態度を示したが、伊藤首相は動こうとしなかった。

和議が本格化したのは、清国が威海衛の艦隊全滅を受けて、李鴻章及び李経方を講和の全権に任命したときである。講和会議は三月二十日から下関の春帆楼で、日本全権伊藤首相、陸奥外相との間で行われた。三月三十日休戦協定が成立し、四月十七日本文一一条からなる講和条約の調印をみた。

講和条約は朝鮮の完全無欠な独立を認めることの他、遼東半島、台湾の割譲、二億両《テール》（邦貨約三億円）の賠償の支払い等が含まれた。

こうして日本の批准も終わり（四月二十日）、批准の交換を行うばかりとなった四月二十三日、ロシアを主役とする独仏三国は「日本が遼東半島を領有することは清国首府を危くする云々」の理由を挙げて、遼東半島の放棄を勧告してきた。これがいわゆる三国干渉である。

武力を背後においたこの干渉に日本は従う以外になかった。その決定は迅速に行われ、ここに日本外交史上かつてなき苦渋悲痛な一章が加えられるのである。しかしこの戦争がもともと朝鮮の完全独立を目的としたものであったことを思えば、ここでその原点に帰ったことで、日露戦争への大義を見出すことになったのではなかろうか。

なお、新たに日本の領有となった台湾に対しては、引き続きその平定作戦が約半年（五月〜十一月）

にわたって行われた。

日本海軍の士気揚がる　日清戦争はわが国にとって初めての対外戦争であり、日本海軍にとっても同じであるが、特に日本海軍は、その予想もしなかった大勝利になったことから、将来に対する展望が開かれ、確信と希望に満ちた海軍の建設がすすめられ、かつ日本海軍の伝統を胚胎させた。

まず戦略面についてみると、黄海海戦においては本隊と遊撃隊の連係がみごとに行われ、勝利の主因の一つとなったことから、六六艦隊の発想が生まれ、これによって軍備の建設が推進され、これが日露海戦における基本戦略となった。これについては次章でさらに敷衍《ふえん》する。

日清戦争において早期制海権の獲得ができなかったことから生じた種々の問題は、海軍だけでなく、陸軍に対しても、早期制海権獲得の必要性を強く認識させ、日露戦争においては、開戦劈頭の旅順口奇襲となって生かされることになったばかりか、日本の伝統的戦略思想となった。

連合艦隊をもって日清海戦を戦い、そして大勝利を収めたことは、以後の編成に踏襲され、国民の親しみと信頼を托する愛称となった。同時に部内的には連合艦隊こそ海軍における最高の職場と、将士を憧れさせ、相まって艦隊第一主義の艦隊気風を醸成した。

また、軍歌「勇敢なる水兵」(佐々木信綱作詞)は、黄海海戦で旗艦松島被弾時に重傷を負い、死に瀕しながら、敵艦「定遠」が沈んだか否かを気づかって逝った三等水兵三浦虎次郎を称えたものである。「まだ沈まずや定遠は　此言の葉は短きも　皇国をおもう国民の　心に長くしるされむ」の歌詞のごとく、三浦水兵の勇敢さは歌に託して広く国民に語り継がれただけでなく、暖かく彼に接した向山副長との人間関係も含めて、海軍軍人の理想像として、部内外に影響を及ぼした。

日露戦争

ロシアの満州侵略　ウラジオストックまで進出（一八六六年）したロシアが次にねらったのは、旅順・大連および馬山浦《まざんぽ》であった。日清戦争はそのロシアにとって好機となり、三国干渉の恩に帰させてまず露清同盟密約（一八九六年）を結び、これを根拠に、一八九八年には旅順および大連の長期租借を実現した。次いで、シベリア鉄道の北満通過および東清鉄道、さらに南満支線の敷設権を獲得し、満州の交通網を独占して、満州全土に対する支配態勢を固めていった。なお一九〇三年には、ハルピンから大連および旅順までの全線を開通させるに至った。

これより先、清国山東省に「扶清滅洋」をスローガンに掲げる排外的な宗教団体の乱が起こり、たちまち各地に波及し、明治三十三年（一九〇〇）には、その勢力は華北全域から満州に及んだ。これがいわゆる義和団の乱で、清朝がこれに同情的となったこともあって、各国は清国政府による取締りに全面的に頼るわけにゆかず、太沽《ターク ー》在泊の軍艦から陸戦隊をあげて北京の自国公館および居留民保護にあたった。しかし兵力の不足をきたし、けっきょく日本が陸軍一個師団を派遣したことによって鎮定された。

この乱に乗じ、ロシアは続々大軍を満州に送り、三十三年十月にはその兵力は一〇万に達し、実質的に全満州を支配した。ところがこの裏には、ロシアに対し、鉄道保護の名目の駐兵権・要塞築城権を認める密約が露清間に結ばれていたのである。このことを知った日本をはじめ各国は、露清双方に対して密約の破棄を強く申し入れ、遂にこれに応じさせたが、撤兵についてはロシアの空宣言に終わった。

そのロシアが明治三十五年（一九〇二）四月八日、満州からの撤兵をその年の十月八日から半年ごとに三回にわたって完了する協定を清国との間に結んだ。このようなロシアの態度急変の裏には、その直前日英間に締結された日英同盟の圧力と、桂内閣の外相に就任したそれまでの駐清公使小村寿太郎の清国に対する説得があったとみられている。

しかしロシアは第一次撤兵は協定通り実施したものの、三十六年四月八日に予定された第二次撤兵については何らその動きがなく、代わりに七カ条からなる新要求を清国政府に通告した。それには満州諸州の外国貿易を閉鎖するという条項が含まれており、軍事占領を完全なものにするためのものであった。

他方、朝鮮に対しては同年四月十三日、さきに（明治二十九年）獲得した森林利用権の行使を通告し、同時に兵を続々朝鮮国境に移動し、五月上旬には鴨緑江《おうりよっこう》口の竜巌浦一帯を占領した。

これら一連のロシアの新たな活動の背景には、にわかに露帝の信任を深めたベゾブラゾフが、その所有する鴨緑江流域の森林事業の利権を政府事業として強力に推進し始めた、という事情があった。また露帝は極東情勢の重大化に備えて極東総督府を開設（八月十二日）し、その信任の篤いアルキセーフ海軍大将を極東総督に任命した。これらのソ連の傍若無人な侵略的振る舞いは、第三国、特に日本を強く刺激するのであるが、それについて述べる前に、さきに少しくふれた日英同盟のことを敷衍することとしたい。

日英同盟　日英同盟は明治三十五年（一九〇二）一月締結されたが、その当時日露戦争が予想されていたわけではなく、もちろん予定したものでもなかった。事の発端は、明治三十四年春頃、ドイツとの同盟を希望する英国に、在英ドイツ大使が日本を加えた方がドイツが応じ易いと提言したことにある。もっともこの提言に英国が乗り気となった背景には、日清戦争や義和団の乱などを通じ日本軍を高く評価したことをはじめ、日本に対し好意をもっていたことがあげられる。

日英同盟は全六カ条から成り、その内容は第二条および第三条にみるとおり、いわゆる防守同盟であり、かつ有効期間は五年（第六条）であった。

第二条　若シ日本国又ハ大不利顚国《だいぶりてんこく》ノ一方ガ上記各自ノ利益ヲ防護スル上ニ於テ列国ト戦端ヲ開クニ至リタル時ハ他ノ一方ノ締約国ハ厳正中立ヲ守リ併セテ其同盟国ニ対シテ他国ガ交戦ニ加ハルヲ妨クルコトニ努ムヘシ

第三条　上記ノ場合ニ於テ若シ他ノ一国又ハ数国カ該同盟国ニ対シテ交戦ニ加ハル時ハ他ノ締約国ハ来リテ援助ヲ与ヘ協同戦闘ニ当ルヘシ講和モ亦該同盟国ト相互合意ノ上ニ於テ之ヲ為スヘシ

またこの条約に基づく軍事部門に関する打ち合わせは、明治三十五年五月十四日横須賀において、第二回は同年七月ロンドンで、第三回は同年十一月東京で行われ、第三国が敵に加わる場合の協同連係等について覚書が作成された。

日英同盟の効果は間もなく現れた。その第一は、ロシアが満州からの撤兵を明らかにしたことである。しかしそれは実行されず開戦へと進むのであるが、「日英同盟をおいて日露戦争は語れない」といわれるほど、日露戦争において、日本を大きく助けることになるのである。

日英同盟はその後さらに強化され、明治三十八年（一九〇五）八月には本文八カ条、秘密条項三項を含む第二回日英同盟として調印されたが、第一次世界大戦後のワシントン会議によって廃棄された。

開戦外交　ロシアが第二次撤兵を行う様子のないことを知った日本では、元老伊藤博文が中心となって明治三十六年（一九〇三）三月十五日元老の会議が持たれ、結論として日本だけの独走を慎しむということになった。次いでロシアの朝鮮進出の気配を知った桂首相、小村外相はもはや拱手傍観は許されないと判断し、伊藤・山県の二元老と京都にある山県の寓居無鄰庵で協議し（四月二十一日）、さらにその申し合わせを国の方針として確定して実施に移すべく、御前会議を奏請した。

御前会議は、六月二十三日、天皇親臨のもとに、元老として伊藤・山県・大山・松方（正義）・井上（馨）の五名、閣僚として桂首相・山本海相・寺内陸相・小村外相が出席して開催された。その結果、次の方針が決定され、これに基づいて戦争決意を含んだ対露交渉が展開されていった。

一、露国ガ約ニ背キ満州殊ニ遼東ヨリ兵ヲ撤セザルニ就テハ此ノ機ヲ利用シ数年来解決シ能ハザリシ韓国問題ヲ解決スルコト

一、此ノ問題ヲ決定スルニ当リ韓国ノ領土ハ其ノ一部タリトモ如何ナル事情アルニ拘ラズ露国ニ譲与セザルコト

一、之ニ反シテ満州ニ於テハ露国既ニ優勢ノ位置ニ在ルヲ以テ多少之ニ譲歩スルコト

一、談判ハ東京ニ於テ之ヲ開クコト

日本政府がこのような堅確な方針を打ち出した裏には、次のような事実が指摘される。第一は、ロシアが第二次撤兵を行わないのは国際的にも重大な背信行為であること、第二はこのまま黙過すれば朝鮮も同じ手口で占領されるであろうと見られたこと、第三は六月上旬、単なる旅行で訪れたロシア陸軍大臣クロパトキンの真の目的が、日本との戦争に備えた軍事視察にあると一般にみられたこと、第四は軍部が軍事的成算を表明したこと、第五は日英同盟に後楯を感じたことなどである。右のうち軍部の開戦判断についてはさらに補足説明を要するが、それは次項に譲り、対露交渉の経過をさきに述べることにする。

最初の提案は、八月十二日、日本側から駐露公使栗野慎一郎によってラムストルフ露外相に手交さ

れた。それは六カ条からなり、要点は、清国の独立と安全を尊重し、韓国については日本の支配的権利を、満州に対してはロシアの優越した利益を認めるというものであった。

これに対しロシアは十月三日回答し、韓国領土の軍事的利用の禁止、北緯三十九度以北の韓国領を中立地帯とするなど、韓国における日本の権益に大きな制限を加え、他方満州については、いっさい日本の介入を許さない旨を通告した。

かねて満韓交換を最終妥協線と考えていた日本政府は、ロシア案をほとんど全面的に容れ、満州が日本の利益範囲外であると同様に、韓国はロシアの利益範囲外であることの一項を加えて、十月三十日ロシアに回答した。これに対するロシアの回答は非常に遅れ、十二月十一日もたらされたが、その内容は、協定の範囲を朝鮮に限定し、その他の要求は前案のままであった。この後退したロシアの回答によって交渉は行き詰まった。十二月二十三日の日本の口上書に対するロシアの回答は翌三十七年一月六日もたらされたが、一歩も譲歩を示さなかった。いっぽう、奉天に軍隊を入れて軍事占領に乗り出すとともに、旅順に砲台の築造を始めた。このとりつく術もないロシアの回答に対処するため、一月十二日、御前会議が開かれ、閣僚・元老ともに開戦やむなしに意見が一致したが、明治天皇から「今一度」の指示があり、一月十六日第二回の口上書を送った。

ロシアの回答は二月三日までに来なかったが、同夜七時芝罘駐在の森海軍中佐から「二月三日午前十時露国艦隊ハ旅順口ヲ出港セリ。行先不明」との至急電が海軍省に入った。海軍当局は露艦隊の出港を日本に対する作戦行動と判断した。翌四日御前会議が開かれ開戦が決定し、五日国交断絶に関する公文を打電した。栗野公使は六日これをロシア政府に交付したが、宣戦布告は二月十日日露両国ほとんど同時的になされた。

この間小村外相は、第三国外交について周到な配慮を払い、韓国についてはいかなる場合でもわが勢力下におくこと、清国には中立を守らせることとし、前者については、その布石となる日韓議定書が二月二十三日調印された。さらに英国だけでなく、米国もわが陣営にとどめ、独仏を露国に加担させないよう対露開戦を予期した慎重な外交を展開したのであった。

戦争準備　前述六月二十三日の御前会議に先立って、参謀本部はロシアに対し強硬策をとるための軍事情勢について検討会議をもった。その結果「戦うには今が有利」との判断を出し、これによって六月二十二日大山参謀総長は「朝鮮問題ヲ解決スルハ唯唯此時ヲ然リトス」との意見を天皇に上奏するとともに内閣に提出した。その主な根拠は、極東露軍は量的に圧倒的ではなく、質的にも著しく劣り、日本海軍は極東のロシア艦隊に勝るということにあった。それは、陸軍は日清戦争以来倍増計画のもとに、明治三十六年には野戦一三個師団を基幹とする戦闘員約二〇万を整備した。これに対し露軍の全兵力は歩兵約一六七万に上ったものの、極東兵力は日本軍の兵力を多少上廻る程度であった。また海軍は黄海海戦の教訓を活かした六六艦隊（戦艦六隻、装甲巡洋艦六隻をもって編成する艦隊）の建設を完成しつつあったからである。

しかし日本のそれまでの対露作戦の研究は守勢を前提としてなされていたため、攻勢作戦の研究は御前会議の日から始まったといって過言ではない。かくてさらに軍備の充実を図るいっぽう、児玉参謀次長は四〇日も参謀本部に泊り込んで作戦計画を練り、山本海相は自ら育てた六六艦隊による分撃戦略に勝算を求め、陸軍と調整して開戦劈頭の旅順口奇襲を決定し、さらに東郷平八郎中将を常備艦隊司令長官に任命するなど、開戦準備に万全を期した。

開戦の決定　こうして三十七年一月十二日の御前会議において山本海相は陸海軍を総合し、軍事的成算について次の如く開陳した。

「我陸海ノ軍備ハ今ヤ六割ノ準備ヲ整ヘ、何時ニテモ発進可能ナリ、翻ツテ露国ヲ観ルニ其海軍ハ現ニ東洋ニ派遣セルモノニテモ、ワガ全海軍ト伯仲シ、本国ソノ他ヲ合スルトキ我ニ倍スル以上ノ勢力ヲ保有ス。故ニ一旦事アルニ至ラバ、我海軍ハ先ズ東洋ニ在ル敵艦隊ヲ撃滅シ、而シテ後、彼ノ本国ヨリ別ノ艦隊ヲ送遣シ来ル場合ニハ之ヲ邀撃《ようげき》スル等、即チ敵ノ勢力ヲ各艦隊個々ニ撃ツノ戦略ヲ用イル所存ナリ。陸軍亦同様ナリ。露国ハ我ニ較べ多数ノ軍団ヲ有シオルモ、ソノ送兵ハ悉《ことごと》ク単線鉄道ニヨラザルヲ得ズ。依ツテ我ハ彼ノ集団個々ニコレヲ撃滅スベキ方略ヲ採リ、先ズ満州ニ在ル敵ノ陸軍ヲ撃滅シ、漸次戦勢ヲ進ムルノ戦略ヲ採用スルナラン。斯クノ如クセバ翼《ねがわ》クハ我陸海共ニ其目的達成ヲ期スベキナリ」

次いで元老諸公がいずれも開戦を支持する陳述を行ったが、なかでも伊藤は国内国外の施策に万全を期する旨を、松方は戦時財政の見通しについて確信のほどを表明した。降って二月一日、大山参謀総長は改めて参内してロシア軍に対する情況判断を上奏し、「一日の開戦の猶予は、彼に一日の利を与える」と結んで即刻開戦の要のある所以《ゆえん》を明らかにした。

なお開戦時の日露海軍勢力を対比すると、次のとおりである。

(艦　種)	(日　本)	(ロシア〔在極東〕)
戦　　艦	六隻	七隻
装甲巡洋艦	六隻	四隻
巡　洋　艦	一〇隻	一〇隻
砲　　艦	七隻	七隻
駆　逐　艦	一九隻	二五隻
水　雷　艇	三〇隻	一五隻
〈合　　計〉	七八隻	六八隻
	(二六万トン余)	(一九万一〇〇〇トン〔バルチック艦隊を合すれば、五一万トン余〕)

また、これを艦隊編制によって示すと次の表のとおりである。

表のほか、日本艦隊には日進(原名モレノ)および春日(原名リバタビア、装甲巡洋艦、七七〇〇トン)が開戦直後追加され、第一艦隊に配置された。両艦はアルゼンチンがイタリアから購入することにな

日本艦隊

		艦隊名	艦（艇）名
連合艦隊（東郷平八郎中将）	第1艦隊（東郷平八郎中将）	第1戦隊（戦艦6）	三笠，朝日，敷島，富士，初瀬，八島
		第3戦隊（巡洋艦4）	千歳，高砂，笠置，吉野
		（通報艦1）	龍田
		（駆逐艦）	第1駆逐隊（駆逐艦4） 第2駆逐隊（駆逐艦4） 第3駆逐隊（駆逐艦3）
		（水雷艇）	第3艇隊（水雷艇4），第14艇隊（水雷艇×4）
	第2艦隊（上村彦之丞中将）	第2戦隊（装甲巡洋艦6）	出雲，磐手，浅間，常磐，八雲，吾妻
		第4戦隊（巡洋艦4）	浪速，高千穂，新高，明石
		（通報艦1）	千早
		（駆逐艦）	第4駆逐隊（駆逐艦4） 第5駆逐隊（駆逐艦4）
		（水雷艇）	第9艇隊（水雷艇4） 第20艇隊（水雷艇4）
	付属特務艦船		特務艦船17
第3艦隊（片岡七郎中将）	第5戦隊（装甲海防艦1 海防艦3）		厳島，鎮遠，橋立，松島
	第6戦隊（巡洋艦4）		秋津洲，和泉，須磨，千代田
	第7戦隊（海防艦3 砲　艇7）		扶桑，済遠，平遠，筑紫，海門，磐城，愛宕，摩耶，鳥海，宇治
	（通報艦1）		宮古
	（水雷艇隊3）		第10艇隊（水雷艇4），第11艇隊（水雷艇4），第16艇隊（水雷艇×4）
	付属特務艦船		特務艦船2

ロシア太平洋艦隊　　（　）は等数を表す

艦隊区分		艦種	艦（艇）名
太平洋艦隊（スタルク中将）	旅順方面（スタルク中将）	戦艦	ペトロパウロウスク，ツエザレウィッチ，レトウイザン，ペレスウェート，ポベーダ，ポルターワ，セワストポリ
		巡洋艦	バヤーン（1），パルラーダ（2），チイヤーナ（2），アスコリード（2），ボヤーリン（3），ノーウイク（3），ザビヤーカ（3）
		砲艦	4
		水雷砲艦	2
		駆逐艦	25（開戦後の竣工，就役を含む）
		水雷敷設艦	2
		仮装巡洋艦	1
	大連	巡洋艦	ラズボイニク（3），ヅジギート（3）
	仁川	巡洋艦	ワリヤーク（2）
		砲艦	コレーツ
	営口	砲艦	シウーチ
	上海	砲艦	マンヂウール
	ウラジオ方面（レイツェンシティン大佐）	巡洋艦	ロシーヤ（1），グロモボイ（1），リューイック（1），ボガツイリ（2）
		仮装巡洋艦	1
		水雷艦	17

っていた新鋭艦である。

また前表中第三艦隊は、緒戦段階を過ぎると連合艦隊に編入された。

発進命令下る　連合艦隊に発進命令が下されたのは、二月五日午後七時であった。これは同日山下軍令部参謀が携行した封緘《ふうかん》命令書によって伝えられたもので、あらかじめ連合艦隊司令長官に手交されていた。同命令の全文は次のとおりである。

命　令

露国ノ行動ハ我ニ敵意ヲ表スルモノト認メ帝国艦隊ヲシテ左ノ行動ヲ取ラシメラル

一　連合艦隊司令長官並ニ第三艦隊司令長官ハ東洋ニ在ル露国艦隊ノ全滅ヲ図ルヘシ

二　連合艦隊司令長官ハ速カニ発進シ先ツ黄海方面ニ在ル露国艦隊ヲ撃滅スヘシ

三　第三艦隊司令長官ハ速カニ鎮海湾ヲ占領シテ先ツ朝鮮海峡ヲ警戒スヘシ

右伝達ス

明治三十七年二月五日午後七時十五分

海軍大臣　男爵　山本権兵衛

連合艦隊司令長官　東郷平八郎殿

第三艦隊司令長官　片岡七郎殿

この命令と同時に、これを敷衍《ふえん》する意味の海軍大臣の訓令が伝達された。

東郷司令長官は同夜（六日午前一時）各隊指揮官を旗艦三笠に参集させ、この命令を伝達するとともに、次の連合艦隊命令第一号を下した。

我ガ連合艦隊ハ直チニ是レヨリ黄海ニ進ミ旅順口及ビ仁川港ニ在ル敵ノ艦隊ヲ撃滅セントス。瓜生《うりゅう》第四戦隊司令官ハ第四戦隊及ビ浅間並ニ第九、第十四ノ両艇隊ヲ率イテ仁川ノ敵に当リ、且ツ其ノ方面ニ於ケル陸兵ノ上陸ヲ掩護《えんご》スベシ。第一第二第三ノ各戦隊及ビ各駆逐隊ハ旅順口方面ニ直行シ、駆逐隊ハ闇ニ乗ジテ先ヅ敵艦ヲ襲撃スベシ。艦隊ハ翌日ヲ以テ更ニ之ヲ攻撃セントス、此役ハ実ニ国家ノ安危ニ繋ル所、諸君庶クハ努力セヨ

一月六日以来この日に備えて佐世保に集結し、作戦準備を整えていた連合艦隊は第三戦隊旗艦千歳《ちとせ》を先頭に出港した。

仁川沖海戦と旅順口奇襲　仁川《じんせん》急襲を命ぜられた瓜生支隊は二月七日一六時三〇分、主力艦隊と分離して仁川に向かい、翌八日午後四時仁川沖で同港から出港してきたロシア砲艦コレーツと出会ったのでこれを港内に追い返して仁川に入港した。ただちに在泊中のロシア二等巡洋艦ワリヤークに対して九日正午までにロシアの艦船は港外に退去するよう通告するとともに在泊第三国船に九日一六時までに安全な場所に転錨するよう要請した。

翌二月九日正午すぎワリヤークは檣頭《しょうとう》に戦闘旗を掲げ、コレーツを従えて出港したが、港外に待ち受けた瓜生艦隊によって撃退されて港内に引き返し、コレーツは午後四時三〇分頃自爆沈没、ワリヤ

ークも同夜火煙に包まれ自沈した。また同港に在泊した今一隻のロシア商船スンガリーも自沈した。

いっぽう連合艦隊の主力は、途中ロシア艦隊の主力が旅順港外にあることを確かめ、八日夕刻円島付近に達し、同地で東郷長官は駆逐隊に対して予定の如く進撃するよう令した。

旅順口に向かった第一・第二・第三駆逐隊の各隊は九日〇時すぎから約一時間にわたって敵艦を襲撃した。しかし夜間行動に未熟のため途中前続艦を見失ったり、味方艦同士の接触事故を起こして行動がバラバラとなったうえ、初陣による逆上から魚雷は盲目撃ち、襲撃は及び腰となり成果は挙がらず、当夜旅順口外に在泊した戦艦七隻、巡洋艦九隻中、わずかに戦艦二隻、巡洋艦一隻に軽傷を与えたにすぎなかった。

大連に向かった第四・第五駆逐隊は、敵艦が所在しなかったためなすことなく帰投した。奇襲を受けた旅順艦隊は、まったく虚を衝かれ、反撃どころか大混乱を起こして港内に遁入した。これは、たまたま同夜スタルク長官邸で舞踏会が催され、艦隊の士官の多くが招待され、艦を不在にしていたことによるが、根本的には同長官が日本海軍を甚だしく見くびり、かかる事態をまったく予想していなかったことによる。

旅順艦隊との戦い　東郷長官は主力を率いて正午頃旅順口に迫ったが、すでに敵艦隊は港内避退を終えており、かつ陸上砲台からの反撃を受けて効果的な攻撃はできなかった。

港内に引きこもった旅順艦隊に対し、連合艦隊が最初に本格的に取り組んだ作戦は閉塞戦であった。

それは、船を港口の最狭部に沈めて閉塞すれば、自ら港内の艦隊は無力化されるという考え方である。しかし言うまでもなく、これは敵の砲台の至近距離まで閉塞船を進めなければならない危険な作戦であるので、実施には特に慎重が期された。けっきょく決死隊を募って閉塞隊を編成し前後三回にわたって強行されたが、完全閉塞の見込み立たず三回で打ち切られた。なおこの間、第二回閉塞戦において福井丸の指揮をとって壮烈な戦死をとげた広瀬中佐は、その後永く軍神として全国民の尊敬するところとなった。

閉塞戦に次いで、連合艦隊は機雷封鎖戦を採用した。四月十二日敷設されたわが機雷は翌十三日には、敵旗艦ペトロパウロウスクを触雷沈没させたが、同艦にはスタルクに代わって全ロシア海軍の与望を負って着任したばかりのマカロフ中将が坐乗しており、その死がロシア軍に与えた衝撃は極めて大きかった。しかしわが方でも五月十五日には戦艦初瀬・八島がロシア軍の敷設した機雷によって沈没したのをはじめ、多数の触雷事故を生じてその仇をとられてしまった。

閉塞戦でも機雷戦をもってしても旅順艦隊を撃滅する目途はつかなかった。連合艦隊はもはや海軍作戦としては、旅順港外に待機して敵の出撃するのを待つ以外になくなった。

いっぽう、ロシアは四月三十日付でバルチック艦隊を極東に派遣することを決め、これを太平洋第二艦隊とし、現に東洋にある艦隊を太平洋第一艦隊として、五月二日付で海軍中将ピョートル・ベゾブラーゾフを太平洋第一艦隊司令長官に、海軍少将ジノーウィー・ロジェストウエンスキーを太平洋第二艦隊司令長官に任命した。また第一・第二両艦隊を合わせた連合艦隊司令長官には、四月まで黒海海軍司令官の任にあったニコライ・スクルイドロフ海軍中将を任命した。しかしスクルイドロフ中将とベゾブラーゾフ中将の二人はともに旅順に入ることができず、ウラジオストックに留まらざるを得なくなり、旅順口にある艦隊はウイリゲリム・ウィトゲフト海軍少将が臨時司令官となって指揮をとった。

ウィトゲフト少将はもっぱら旅順要塞にその安全を託していたが、アルキセーフ極東総督の強い要請を受け、六月二十三日その重い腰をあげて出港した。しかし港外に待機したわが艦隊の一撃を受けてただちに舞い戻った。その後もしばしば旅順艦隊の出港が行われたが、いずれの場合も小部隊で、しかも地上作戦の支援が主目的であり、わが艦隊を認めるとただちに遁走した。

八月七日ウィトゲフト少将は「全艦隊を率いて速かにウラジオストクへ向かうべし」との勅令を受け、八月十日全艦隊一六隻を率いて出港した。東郷長官は敵出動の警報に接して第一戦隊を率い円島付近から出撃し、一二時三〇分敵を視認し、ただちに接敵を開始したがロシア艦隊の巧妙な戦術運動によって振り切られてしまった（第一合戦）。懸命の追撃の結果、午後五時半頃には彼我の距離約七〇〇〇メートルとなって戦いを開始、やがてわが巨弾一発が敵の先頭艦ツエザレウィッチに命中、敵は大混乱に陥った（第二合戦）。

しかし間もなく夜になったうえ、夜戦を引き受けるべきわが水雷部隊が果敢でなく、撃沈一隻もな

黄海々戦要図（8月10日）

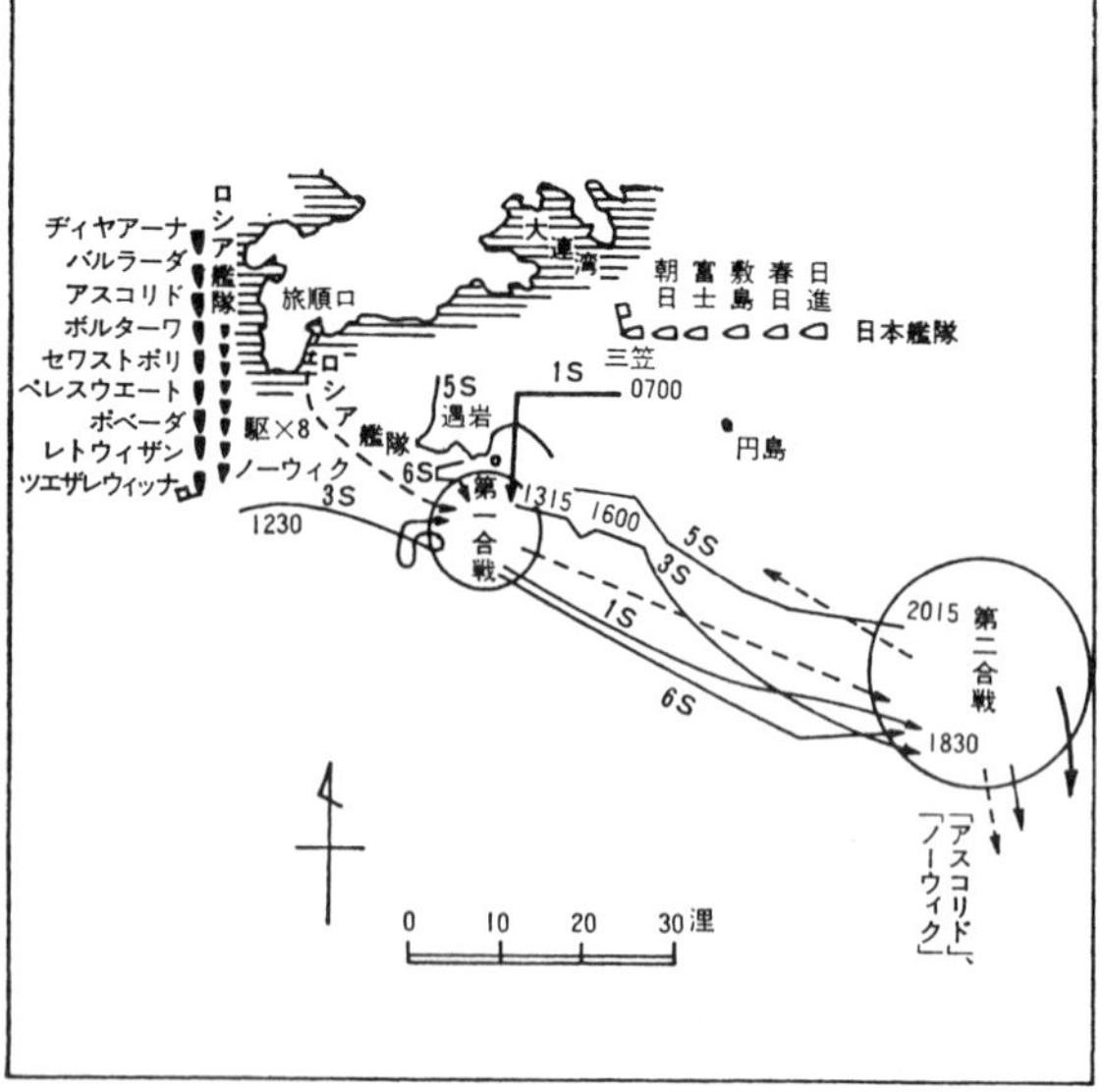

く敵を逃してしまった。敵艦のうちの一部は中立諸国に遁走して武装解除されたが、戦艦五隻をはじめ大部分は旅順に舞い戻った。

黄海海戦後の敵はいよいよ港内に潜み、ひたすらバルチック艦隊の来着を待つもののごとく思われた。連合艦隊は一段と封鎖を強めつつも、究極的には陸上要塞の攻略以外に決め手はないと判断し、六月四日第三軍（軍司令官乃木大将）が編成された以後は同軍とも緊密な連絡をとり、地上作戦の進捗《しんちょく》を一日千秋の思いで待つようになった。東郷長官の胸にはバルチック艦隊来航前に、ぜひともこの敵を撃滅しなければならないとの強い決意と念願が秘められていたのである。

乃木三軍もこの情勢を受け、多大の犠牲を顧みず総攻撃を繰り返すこと三回、遂に十二月五日午後一時、爾霊山を占領した。その一時間後の一四時、陸海軍の重砲は三〇〇〇メートルに俯瞰する旅順港内のロシア艦隊に向かって火を吐き、戦艦ボルターワを手初めに八日までに全艦を撃沈または破壊し、ここにわが海軍の宿願は完全に達成された。

浦塩艦隊との戦い　開戦時ウラジオストクには装甲巡洋艦三隻を主力とする一艦隊が所在したが、開戦と同時に朝鮮海峡をはじめ日本海、後には津軽海峡を超えて日本の太平洋沿岸まで行動してわが海上交通を脅かした。

日本は当初第三艦隊をしてこれに当たらせたが、三月上旬以降、上村第二艦隊司令長官が第二戦隊の装甲巡洋艦四隻をもってこれに代わった。

しかし、神出鬼没の通商破壊部隊を捕捉することは容易でなく、四月二十五日にはわが金州丸は元山沖で沈められ一〇〇余名の陸軍将士の命を奪い、六月には運送船常陸丸・佐渡丸および和泉丸が相次いでその毒牙にかかって撃沈され、多くの陸兵を失った。上村艦隊に対する国民の不満は、上村長官個人への非難怨嗟の声に変わっていった。しかし情勢の行き詰まりに対する焦慮は、浦塩《うらじお》艦隊においても同様で、八月十日の旅順艦隊の出撃に策応し、無理して南下した同艦隊は、八月十四日早朝蔚山沖で上村艦隊の捕捉するところとなり、リューリック撃沈、ロシアおよびグロムボイの二艦大破の壊滅的打撃を受けた。両艦はウラジオストクにたどり着いたものの損害が大きく再起できなかった。

日本海海戦　開戦後間もない四月三十日に編成された太平洋第二艦隊は修理その他に時間がかかり、リバウを出港したのは十月十五日であった。同艦隊は皇帝の信任の厚いロジェストウェンスキー少将（回航途中中将に昇進）に率いられ、はるばる一万八〇〇〇マイルの遠征の途についたが、出港直後から日本の水雷艇が待ち伏せているとの妄想に悩まされ、また日英同盟の友誼《ゆうぎ》を重んずる英国によって寄港地や補給を妨げられ、さらに途中旅順陥落の報に接し、希望なき航海を続けることになる。本国政府は旅順艦隊全滅に対処するために新たに太平洋第三艦隊を編成して後を追わせる。両艦隊は五月九日南仏印のヴァン・フォンで合同し、総計五〇隻の大艦隊となって五月十四日同港を出発、途中で一部付属船を分離し五月二十七日未明対馬水道にさしかかるのである。

いっぽう、わが連合艦隊主力は、旅順艦隊撃滅後逐次内地に帰投し、整備補給を終えて鎮海湾に進出した。東郷司令長官は三十八年二月二十一日同じく鎮海湾に将旗をすすめた。

五月十四日ヴァン・フォンを出港したロシア艦隊は、一路朝鮮海峡に向かったが、その消息は杳《よう》としてわが方ではつかめなかった。平均速力一〇ノットとすれば二十日頃対馬海峡に現れることになるが、同日に至っても何らの情報はなく、連合艦隊司令部をこの上なく焦慮させた。五月二十四日三笠艦上で開かれた作戦会議では、敵艦隊が津軽海峡を通る場合に備え、北方への移動説も出たが東郷長官は動じなかった。以後もその論議はくすぶるが、五月二十六日ロシアの輸送船六隻が上海に入港したとの情報によって、ロシア艦隊の対馬水道通過が確実となった。

二十七日午前四時四五分、仮想巡洋艦信濃丸からの「敵艦隊見ゆ、四五六地点信濃丸」との発見電によって、五時五分、東郷連合艦隊司令長官は全軍に出港を令するとともに次の電報を打電した。

「敵艦見ユトノ警報ニ接シ連合艦隊ハ直ニ出動之ヲ撃滅セントス本日天気晴朗ナレドモ浪高シ」

「皇国ノ興廃此ノ一戦ニアリ」　三笠に坐乗して鎮海湾を出港した東郷司令長官は、加徳水道において第一第二艦隊を合し、沖の島付近での会敵を予期して南下した。一三時三九分、北上しつつある敵艦隊を望見して接敵運動に入った。全軍将士を感奮させた「皇国ノ興廃此ノ一戦ニアリ各員一層奮励努力セヨ」の信号（Z旗）が旗艦檣頭《しょうとう》に掲げられたのは、それから一〇数分後の一三時五五分で、続く有名な敵前大反転（一四時五分）への第一動に移ったときである。なおこの間の運動を図示すれば、大要上のとおりである。

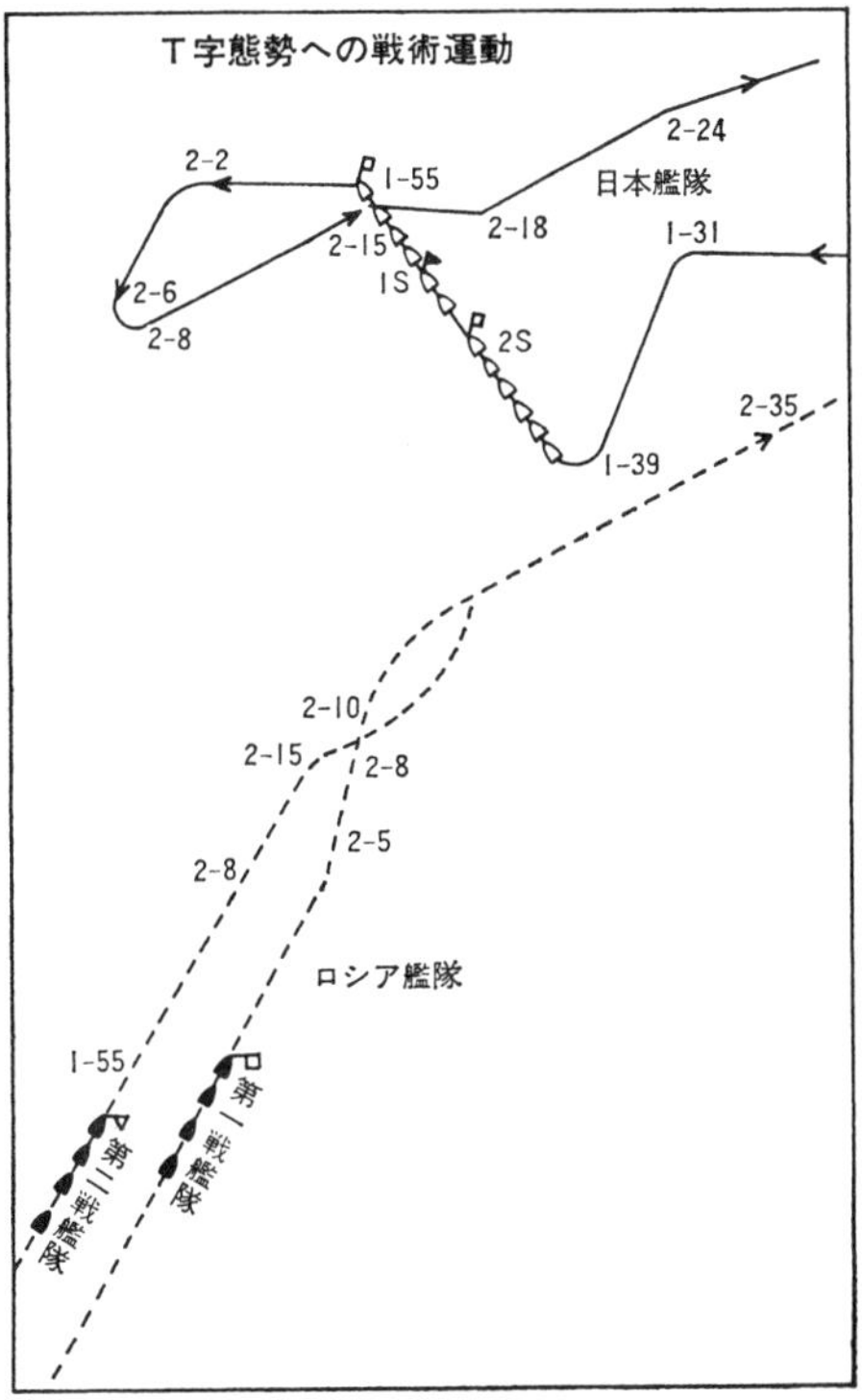

日本艦隊　司令長官　東郷平八郎大将

連合艦隊（東郷平八郎大将）	第1艦隊（東郷平八郎大将）	・第1戦隊（三須宗太郎中将） 三笠，朝日，敷島，富士（戦艦4隻），春日，日進（装甲巡洋艦2隻），龍田（通報艦） ・第3戦隊（出羽重遠中将） 笠置，千歳，音羽，新高（巡洋艦4隻） ・第1，2，3駆逐隊（駆逐艦13隻） ・第14水雷艇隊（水雷艇4隻）
	第2艦隊（上村彦之丞中将）	・第2戦隊（島村速雄少将） 出雲，磐手，浅間，常磐，八雲，吾妻（装甲巡洋艦6隻），千早（通報艦） ・第4戦隊（瓜生外吉中将） 浪速，高千穂，明石，対馬（巡洋艦4隻） ・第4，5駆逐隊（駆逐艦8隻） ・第9，19水雷艇隊（水雷艇7隻）
	第3艦隊（片岡七郎中将）	・第5戦隊（武富邦鼎少将） 鎮遠（装甲海防艦），松島，橋立，厳島（海防艦3隻），八重山（通報艦） ・第6戦隊（東郷正路少将） 秋津洲，和泉，須磨，千代田（巡洋艦4隻） ・第7戦隊（山田彦八少将） 扶桑（海防艦），高雄，筑紫，摩耶，鳥海，宇治（砲艦5隻） ・第1，5，10，11，15，16，17，18，20，水雷艇隊（水雷艇31隻）
	付属特務艦隊（小倉鉄一郎少将）	付属特務艦24隻，平均速力18ノット

ところで敵前大反転とは、東郷長官が過ぐる黄海海戦で敵を逸した苦い経験に深く省み、まず敵の正前に出て敵の回避に備えた上、急遽反航近接し、一瞬をつかんで大反転を行い、敵に対しT字の態勢に占位した一連の戦闘運動で、その成功が日本海海戦における決定的勝利への楔となった。T字形は当時砲戦を持続する上に最も有利とされた態勢であり、砲戦技倆の優越を信ずる日本艦隊が、この日に備えて最も重視した戦術の一つであった。なおこの時戦場に相

ロシア艦隊　司令長官　ロジェストウェンスキー中将

<table>
<tr><td>第１戦艦隊
（ロジェストウェンスキー中将）</td><td>スウォーロフ，アレクサンドル３世，ボロジノ，アリョール（戦艦４隻）</td><td rowspan="8">戦　　艦　8
装甲巡洋艦　3
装甲海防艦　3
防護巡洋艦　3
巡　洋　艦　3
駆　逐　艦　9
計　29
（運送船隊を除く）
総排水量
16万200トン</td></tr>
<tr><td>第２戦艦隊
（フェリケルザム少将）</td><td>オスラビア，シソイウェリキーナワリン（戦艦３隻），ナヒモフ（装甲巡洋艦１隻）</td></tr>
<tr><td>第３戦艦隊
（ネホガトフ少将）</td><td>ニコライ１世（戦艦１隻），アブラクシン，セニャーウィン，ウシャーコフ（装甲海防艦３隻）</td></tr>
<tr><td>第１巡洋艦隊
（エンクウイスト少将）</td><td>オレーグ，アウローラ（防護巡洋艦２隻），ドンスコイ，モノマフ（装甲巡洋艦２隻）</td></tr>
<tr><td>第２巡洋艦隊</td><td>スヴェトラナ（防護巡洋艦），アルマーズ，ジェムチウグ，イズムルード（巡洋艦３隻）</td></tr>
<tr><td>駆　逐　隊</td><td>駆逐艦９隻</td></tr>
<tr><td>運送船隊
（ラドロフ大佐）</td><td>運送船９隻，工作船１隻</td></tr>
<tr><td colspan="2">平均速力15ノット</td></tr>
</table>

（注）第２戦艦隊司令官フェリケルザム少将は、５月23日病死。その後任にはオスラビア艦長ペルー大佐が任命された。

見えた両軍兵力は上表のとおりである。

わが主力艦隊の大反転を慮外の好機とみたロジェストウェンスキーはすかさず旗艦スウォーロフに発砲を命じ（一四時八分）、他の諸艦がつづいた。わが旗艦三笠の発砲は大反転を終えて定針した一四時一一分で、敵旗艦との距離六〇〇〇メートルであった。

わが砲火はスウォーロフおよびオスラビアに集中した。間もなくオスラビア、次いでスウォーロフ、続いてアレクサンドル三世に大火災が生じ、オスラビアは一五時七分沈没し、戦勢は決した。昼戦は一九時すぎ東郷長官の主隊の戦闘中止の命で打ち切られ、以後は主役を駆逐隊と水雷艇隊に譲った。なお昼戦において撃沈した艦船は、戦艦オスラビア、スウォーロフ、アレクサンドル三世、ボロジノの四隻、特務艦ウラール、カムチャッカ、ルスの三隻であった。

さきの黄海海戦で駆逐隊の夜襲の不振に激怒した東郷長官は、同海戦後司令艦長の大部を交替させ、かつ鎮海湾において夜襲の猛訓練を行った。その結果、五月二十七日の夜戦における駆逐隊の活躍はみごとで、戦艦ナワリン、シソイウェリキー、装甲巡洋艦ナヒモフのとどめを刺した。

五月二十八日午前五時、東郷長官は予定に従って欝陵島付近に艦隊を集結させ、遁走する敵艦隊に対する網を張った。案の定五時二〇分敵影が認められ、やがてネボガトフ坐乗のニコライ一世以下の五隻が捕捉された。このうちの一艦（イズムルード）を除く各艦は一〇時五三分わが艦隊に降伏し、ネボガトフ少将は一三時すぎ三笠において降伏条件に署名した。その他数艦を同方面で撃沈または捕獲したが、捕獲した中に重傷を負ったロジェストウェンスキー中将を乗せた駆逐艦ベトウイがあり、同中将は最後の段階で捕虜となった。かくて五月二十七日昼すぎに始まった日本海海戦は翌日午後終結したが、その間敵に与えた損害は次のとおりである。

撃沈　一九隻

戦艦六隻　巡洋艦四隻　海防艦一隻　駆逐艦四隻　仮想巡洋艦一隻　特務艦三隻

捕獲　五隻

戦艦二隻　海防艦二隻　駆逐艦一隻
俘虜　司令長官以下六〇〇〇名
日本艦隊に抑留された病院船　二隻
武装解除
巡洋艦三隻　駆逐艦一隻　特務艦二隻
逃走中擱坐砲壊または沈没
巡洋艦一隻　駆逐艦一隻

なお巡洋艦一、駆逐艦二がウラジオストクに帰投し、特務艦一が本国にたどり着いた。

この大戦果は、一〇〇年前のトラファルガー海戦におけるネルソン英提督の大勝利を上廻る完全勝利であるが、その原因は、主としてわが戦略戦術の優越にあった。

その第一は先に述べた敵前一八〇度回頭に集約される砲戦戦術である。第二は昼戦から夜戦、続く翌昼戦へと適切な配備の転換が行われたことであり、これは参謀秋山真之の考案によるいわゆる七段構えの戦法である。このほか射撃技倆の優越、あるいは高い将士の士気もその一因をなすことは言うまでもない。

戦争の終結　明治三十八年（一九〇五）一月米国大統領に再選されたルーズベルトは、二月八日駐米仏大使ヂュセランを引見して、ロシアのため速かな和議が必要であるとの意見を述べた。次いで奉《ほう》天《てん》会戦の結果は、フランスをはじめ世界の世論を講和説へ傾かせた。

しかしロシア陸軍が健在でかつ続々と満州に増勢されつつあることに加え、バルチック艦隊が極東海域に近づきつつあることから和議論議は間もなく立ち消えた。日本海海戦はその直後に生起したのであるが、その余りにも決定的なロシアの敗北は強い衝撃をロシアの宮廷に与えずにおかなかった。いっぽう日本政府は五月三十一日、高平駐米公使を通じて米大統領に講和斡旋を依頼した。六月二日ルーズベルト大統領は、駐米ロシア大使カシニーを招いて講和を勧告した。やがて露帝の応ずるところとなり、三十八年八月十日からポーツマスにおいて講和会議が持たれ、紆余《うよ》曲折を経た末、九月五日講和条約の調印に達した。調印された講和条約は、要旨次のごとく極めてつつましやかなものであったが、陸上において依然として優勢を信ずる相手であってみれば、むしろせいいっぱいのものと評価されるべきであろう。

一、ロシアは日本が韓国において政治・軍事及び経済上の卓絶した利益を有することを承認する。
二、ロシアは一定期限内に満州より撤兵する。
三、ロシアは清国の承諾を得て遼東租借権を日本に譲渡する。
四、ロシアは長春（寛城子）旅順口間の鉄道およびこれに付属する一切の権利および財産を、補償を受けることなくかつ清国の承諾を得て日本に譲渡する。
五、ロシアは樺太南部を日本に譲渡する。

戦争の全経過を省みるとき、改めて日本海海戦の決定的勝利のもつ意義の大きかったことが痛感される。それは、これなくして日露戦争は終結に至らなかったことが極めて明らかであるからである。

同時にこの事実は、かつて古代のペルシア戦争においてサラミスの海戦（前四八〇年）、近代劈頭の無敵艦隊との戦い（一五八八年）とともに、大陸軍を擁する大国の侵攻を海戦で防止して、その侵略企図を放棄させた史例として、極めて重要な意義をもつ。また、日本海海戦において、砲撃によって戦艦をはじめ多数の軍艦を撃沈して勝利を決したことは、砲こそ海戦の支配者であることを示したが、この事実は時の英海相フィッシャー卿によって直ちにその軍備に活かされ、ドレッドノートの建造となった。また各国も競ってこれに倣《なら》い、それによっていわゆる大艦巨砲主義の時代を現出させた。その意味でも日本海海戦は世界海戦史上不朽の名をのこすのである。

大海軍への開幕

八八艦隊　日本海軍が大艦隊の建設に乗り出したのは、八八艦隊計画がその第一歩である。明治四十年（一九〇七）四月に制定された帝国国防方針における所要兵力量の項に、次の如く定められたのがその根拠である。

帝国ノ国防方針ニ従ヒ海軍用兵上最重要視スヘキ想定敵国ニ対シ東洋ニ在テ攻勢ヲ取ランガ為

ニハ我海軍ハ常ニ最新鋭ナル一艦隊ヲ備ヘザルヘカラス　而シテ其兵力ノ最低限ハ左ノ如クナルヲ要ス

戦艦凡二万屯　　八隻

装甲巡洋艦凡一万八千屯　八隻

以上ヲ艦隊ノ主幹トシ其作戦機能ヲ完カラシムルニ要スル他ノ巡洋艦及ヒ大小駆逐艦等各若干隻ヲ付ス

右兵力ヲ国防上ノ第一線艦隊トス

二項以下に艦齢その他について定められているが、ここにいう戦艦八隻、装甲巡洋艦八隻をもってする艦隊が、一般に八八艦隊と呼ばれるものである。

しかしこの建設には、維持費を含めると膨大な経費を必要とし、さらに大正に入ると装甲巡洋艦は「金剛・榛名」等の巡洋戦艦をもって代えなければならず、何よりも経費の面で難渋する。たまたま大正二年（一九一三）末、突如として海軍部内に起きたいわゆるシーメンス事件がさらに痛打を加えた。この事件は、当時呉鎮守府長官松本和中将が艦政本部長時代にアームストロング社から、また沢崎寛猛海軍大佐がシーメンス社から、それぞれ建艦発注に関連してコミッションを収賄した汚職事件である。この不祥事件は山本権兵衛内閣を崩壊させ、第三一議会（大正二年十二月開会）に提出した一億五四〇〇万円の造艦継続費を流し、八八艦隊をその出発点で立往生にさせ、さらに大海軍建設の立役者であった山本首相を引責現役を退かしめた。

経費面の重圧と、この不祥事件による直接の打撃に加え、国民の海軍に対する不信感も容易に消えなかったため、八八艦隊の建設は段階的漸進策をとらざるを得なくなった。八四艦隊案（大正五年第三九議会で可決）、八六艦隊案（大正六年第四〇議会で可決）を経て、大正九年の第四三議会でようやく完全な八八艦隊の予算が成立し、大正十六年（昭和二）末までに「長門・陸奥・加賀・土佐・紀伊・尾張・第一一号・第一二号戦艦」および「天城・赤城・高雄・愛宕・第八号〜第一一号巡戦」を保有する見込みが得られたのであった。

第一次世界大戦においてジャットランド沖海戦で独巡戦が示した際立った砲撃効果は、世界の海軍を一斉に大艦巨砲主義へと靡《なび》かせた。日本もその例外でなく、この時点でさらに戦艦八隻の一隊を加え、八八八艦隊が所要兵力とされるようになった。

しかしその勢いは海軍軍縮会議によって一頓挫し、代わって対米七割の比率保持が海軍部内の最重要課題となった。この情勢を受けて、大正十二年（一九二三）の帝国国防方針の第二次改訂にあたっては、仮想敵国の第一をロシアから米国に改めた。しかしその保有兵力は軍縮条約に忠実に従って定められ、以後軍縮離脱（昭和十一年一月）まではこの状態のまま経過した。

軍縮無条約時代に備えての海軍軍備については昭和五年頃から研究が始められ、戦艦は三隻三隊編成（計九隻）がとられるほか、新たに航空母艦が主力艦に次ぐ主要兵力として登場するなど、その用兵方針とも関連して、八八艦隊主義から脱皮の方向に進んだ。これを受けて、昭和十一年（一九三六）五月の国防方針の第三次改訂においては、主力艦一二隻、航空母艦一〇隻、巡洋艦二八隻、水雷戦隊六隊、潜水戦隊七隊を外戦部隊の兵力とする軍縮無条約時代の艦隊編成に入るのである。

第一次世界大戦　第一次世界大戦は一九一四年（大正三）七月、オーストリアの南部サラエボでオーストリア皇太子夫妻がセルビアの一青年によって射殺された事件を契機に、全欧州、次いで全世界へと拡大した大戦争である。

参加国は、英仏露を中心とする連合国が三〇カ国、これに対しドイツを主体とする同盟国は四カ国で、その総人口は一五億（全人口の八割）、動員数は六〇〇〇万人に達し、交戦期間は一九一四年七月から一九一八年の五年に及んだ。

戦争は最終的には、連合軍の圧倒的勝利に帰したが、その間戦線は西部戦線、東部戦線、南方戦線（セルビア戦線、イタリア戦線、ルーマニア戦線、トルコ戦線）などドイツの全周に展開し、さらにこれに海上戦線が加わった。当初フランスは国境を突破され、いちじパリも危険にさらされた。東部においてもロシア軍はタンネンベルヒその他でドイツ軍に潰滅的打撃を受け、また海上においては英国は水上部隊において優勢を確保したものの、ドイツ潜水艦によって海上交通を破壊され、いちじは重大な食糧危機に陥った。

なお、一九一六年五月三十一日に生起したジャットランド沖海戦は、世紀の大海戦との呼び声が高いので、一言説明を加えておきたい。この戦いにおける英独両軍の出動兵力は、次のとおりである。

	弩級戦艦	前弩級戦艦	巡洋戦艦	装甲巡洋艦	軽巡洋艦	駆逐艦	水雷艇	潜水艇
英	二〇	四〇	九	三四	七四	二二四	一〇六	七七
独	一三	二〇	四	一五	四一	一四九	七〇	二四

戦いは午後三時四八分に砲火が開かれたが、午後四時英国のインディファティカブルが、四時二六分にはクインメリーが独巡戦の砲撃により爆沈、六時三三分同じく巡戦インヴィンシブルが沈没し、砲火の威力と独艦の戦闘指揮の素晴らしさを示した。しかし英主力艦隊が戦列に投ずるに及んで独主力は戦場離脱を企図し、ホンリーフに向かった。英艦隊はいったんその退路を断つべく行動したが、深更に至ってその企図を放棄したため、物別れに終わった。したがって史上比類なき豪壮な外観を呈したこの海戦も、戦局の推移には何らの影響を与えなかった。

なお、この海戦で受けた両軍の被害状況は次のとおりである。

〈イギリス〉

沈没　巡戦三（クイン・メリー、インディファティカブル、インヴィンシブル）

装甲巡三、駆逐艦八

〈計〉一一万一九八〇トン

戦死　六一九七名　負傷　五一六〇名　捕虜　一七七名

〈ドイツ〉

沈没　巡戦一（リュッツオ）

前弩戦艦一（ボンメルン）

軽巡一、駆逐艦五

〈計〉六万二二三三トン

戦死　二五四五名　負傷　四九四名

日本の参戦　日本は日英同盟条約を楯に八月二十三日ドイツに宣戦し、作戦行動に入った。参戦の経緯については割愛するが、ただ当時の日本海軍部内にあっては、政府の政治的意図や種々の思惑とは別に、日露戦争中のイギリス海軍の好意と支援に対する恩返しという意味で、この参戦を歓迎するものが多かったことを付記しておきたい。

参戦した日本軍の作戦は、ドイツの青島《チンタオ》要塞の攻略とドイツ海軍勢力を太平洋から駆逐する第一段作戦と、ドイツ潜水艦及び武装商船を制圧する第二段作戦に大別できる。

青島を根拠地とするドイツ東洋艦隊は、装甲巡洋艦シャルンホルスト、グナイゼナウ（ともに一万二〇〇〇トン、二三ノット、八インチ砲八門）を主力とし、その他軽巡四隻であったが、開戦と同時に青島を出港し行方はわからなかった。青島の陸上攻略は神尾中将の率いる第十八師団が主体となり、九月二日上陸を開始し、十一月七日これを占領した。

いっぽう、海軍は山屋他人中将の率いる第一南遣支隊（巡洋戦艦鞍馬・筑波、装甲巡洋艦浅間、駆逐艦二）をもって南洋群島方面にあてたが、さらに英国の要請で松村龍雄少将のもとに第二南遣支隊（戦艦薩摩、巡洋艦平戸・矢矧《やはぎ》）を編成して豪州方面に派遣し、主として豪州軍のヨーロッパへの輸送保護に任じさせた。両支隊は十月中旬までにヤルート、クサイ、ポナペ、サイパン、ヤップ、パラオ、アンガウルなどのドイツ領南洋群島を占領した。

英国はドイツの軽巡エムデンの神出鬼没の跳梁に手を焼き、日本に対して援助を求めた。そこで日本海軍は特別派遣隊を編成し、加藤寛治大佐（伊吹艦長）指揮のもとにイギリス東洋艦隊に協力させた。後にさらに常磐と八雲を増派した。なおエムデンは十一月九日インド洋のココス島に入港中を、豪巡洋艦シドニーによって撃沈された。またドイツ東洋艦隊の主力（シャルンホルスト、グナイゼナウ、ライプチヒ、ドレスデン、ニュールンベルヒ）は開戦時フォン・スペーに率いられカロリン群島にあったが、司令官は以後南東太平洋に進出する行動を選び、やがてコロネル沖の海戦（一九一四年十一月一日）で英艦隊に大勝した。しかし約一月後の十二月四日、フォークランド沖の海戦において英軍によって撃滅された。

第二段作戦は大正六年（一九一七）一月、英国の要請によって開始された。すなわち連合国の海上交通が危機に瀕し、英国の食糧事情が極度に逼迫《ひっぱく》した情勢を受け、英国が日本に対し、地中海及び南アフリカ方面の海上交通保護のため艦隊派遣を要請したものであった。これに対し日本海軍は次の三個の特務艦隊を編成した。

（艦隊名）	（指揮官）	（兵　力）	（行動海面）
第一特務艦隊	海軍少将 小栗孝三郎	矢矧、須磨、新高、対馬 第二駆逐隊	インド洋及び南支那海方面
同分遣隊		対馬、新高	南アフリカ方面
第二特務艦隊	海軍少将 佐藤　皐蔵	明石 第十駆逐隊（駆逐艦四） 第十一駆逐隊（駆逐艦四）	地中海方面
第三特務艦隊	海軍少将 山路　一善	筑摩、平戸	豪州及びニュージーランド方面

右のうち地中海に向かった第二特務艦隊は、一九一七年（大正六）四月ポートサイドに入港し、その翌日から一九一八年十一月の休戦まで、マルタ軍港を基地として、主にマルセーユ↓マルタ↓アレキサンドリア間の船団護衛にあたった。この間第二特務艦隊が単独で護送した回数は三五〇回に達し、軍艦・輸送船の合計七八七隻（うちイギリス船六四三隻）、乗組員総数七五万人に達した。このほか、連合国海軍と協力して護送した一般商船の数を加えると膨大な量にのぼり、艦隊の一月の行動日数は約二六日であった。なお、この期間における日本軍の損害は駆逐艦二隻損傷、戦病死七八名、うち七三名はマルタの墓地に葬られた。

第一次世界大戦においては約九〇〇万人近くが戦死したが、これは一九世紀に起こった戦争による犠牲者総数の二倍に達した。また総経費三〇〇〇億ドルで、それまでの戦争とはまったく異質のものであった。その特質の一つが海上交通破壊という作戦であり、それは潜水艦の出現によって新たに現れた戦法である。日本海軍はこの新しい攻防の場で連合軍側に立って戦い、同作戦の重要性と同時に困難性を体験したが、その教訓は参加者からも日本海軍からもほとんど顧みられなかった。逆に、自らは参加しなかったジャットランド海戦に海軍首脳は深く魅せられてしまった。それはたまたま八八艦隊の建設が始まろうとしており、同艦隊がジャットランド海戦の教訓を生かした、いわゆるポスト・ジャットランド型をもって編成する方針がとられていたからであろうが、より根本的には、既述のような海戦の変貌に気付かず、ジャットランド海戦の意義を日本海海戦同様あるいはそれ以上に高く評価したことにある。なおポスト・ジャットランド型第一号艦は戦艦長門《ながと》（大正六年起工、九年完成）で、第二艦は戦艦陸奥《むつ》である。

ワシントン及びロンドン軍縮会議

ワシントン軍縮会議　ワシントン軍縮会議は、大正十年（一九二一）七月十一日米国が日英仏伊に対し、軍備制限および太平洋・極東問題討議のため、ワシントン会議の開催を非公式に提案してきたことに始まる。

第一次大戦後の各国、特に日英米三国間の建艦競争による軍事費の増大は、戦争の被害の大きかった英国ではすでに耐えられないものとなっており、戦禍の外にあった米国ですら財政的苦痛を感じさせるようになりつつあった。またわが国においても、大正十年（一九二一）には海軍予算が国家歳出の三二パーセントを占め、このままでは財政の破綻は必至とみられ、軍縮の必要が識者の間で強く求められる情勢に立ち到っていた。そこで日本政府は、この会議を軍縮の実現と、かねて日本の基本方針である日英同盟の存続を主張する機会として利用することに決し、応諾したのであった。

大正十年九月二十七日海軍大臣加藤友三郎、貴族院議長徳川家達らが全権に任命され、軍縮については加藤全権が、日英同盟の存続については徳川全権がそれぞれ責任担当することになった。

十月十四日、政府は改めて全権に対する総括的な訓令を閣議決定して与えたが、それには基本方針として国際協調を掲げ、特に「米国トノ親善円満ナル関係ヲ保持スルコトハ帝国ノ特ニ重キヲ置ク所ナルヲ以テ、本会議ニ於テモ右関係ヲ益々鞏固ナラシムルノ結果ヲモタラスコトニ力ヲ致サルヘシ」と諭し、さらに細部準拠として「英米トノ均衡ヲ失シナイ限リ八八艦隊計画ニ固執シナイコト、米国ニ対シ七割以上ヲ絶対必要トスルコト、航空母艦ニツイテ制限ガ加エラレルトキハ英米ト同数」とすること、などを明示した。

ワシントン会議は、大正十年十一月十二日午前十時三十分コンチネンタル・メモリアル・ホールにおいて開催され、開会劈頭、米国全権ヒューズが議長に推された。彼は議長としての挨拶に引き続いて、ただちに軍備制限問題の討議に入りたいとして予め用意してきた原案を提示した。その骨子は次のとおりである。

(1) 主力艦の建造計画は、すでに実行中のものと未着手のものとをあわせ、一切これを放棄すること。

(2) 軍備縮小の精神を貫くため、さらに老齢艦の一部を廃棄すること。

(3) 一般に関係各国の現有勢力を基礎とすること。

(4) 主力艦のトン数をもって海軍力測定の基準とし、これに比例して補助艦艇の勢力割り当てを行うこと。

右の四原則に基づいて、彼はまず米国の縮小決定案を読み上げ、これに伴うべき日英両国の廃棄予定表を示した。これによる日本に対するものの要点は次のとおりである。

(1) まだ起工してない戦艦、巡洋戦艦はすべて建造を中止する。

(2) すでに進水した戦艦陸奥、現に建造中の土佐・加賀、巡洋戦艦天城・赤城の五隻、未起工巡洋艦愛宕・高雄の二隻、合計七隻二八万九一〇〇トンを廃棄する〈注〉これらの主力艦に長門を加えた一六隻の主力艦は、わが八八艦隊の根幹をなすものであった)。

(3) 戦艦摂津以前の老令艦一〇隻一五万九八二八トンを廃棄する。

最後に彼は補助艦の制限も含めた正式提案は別に示すと述べ、さらに補助艦の定義について、巡洋戦艦以外の巡洋艦、嚮導駆逐艦、駆逐艦及び各種の水上艦艇、潜水艦及び航空母艦の三艦種とした。

十一月十五日第二回総会が開かれ、先のヒューズ提案に対する各国全権の賛否の意志表示が行われた。英国は全面支持を表明、日本全権は主義において賛成である旨を述べた。

以後専門委員会に付議され、日本は加藤寛治中将が専門委員となって審議に当たったが二週間に及んでも妥結しなかった。それは米国案が陸奥を未成艦として取り扱い、廃棄艦に加えているためであり、それ故にまた、日本の現有勢力（陸奥を含む）が対米比七割であるとする主張に同意しないことにあった。

けっきょく、この問題は十二月二日全権会議に移されたが、その席で、米国のグアムおよびフィリッピン、日本の小笠原諸島等の防備制限を定めることを条件として、日本代表は対米六割の米国原案を受け入れた。なお米国案にあるわが戦艦陸奥は、既成艦である上に、これを廃棄することは国民感情が許さないとして、同艦を復活させた（これに伴って米英の保有量に陸奥に見合う増加が認められた）。代表はただちにこれを本国に打電し請訓した。

海軍軍縮条約成立　政府は十二月十日閣議を開いて審議した結果、太平洋における防備の現状維持を条件に、米国の原案を承諾する旨を回訓した。これによって十二月十五日、主力艦に関する協定が成立した。次いで十二月二十一日の会議で、日三・米英五・仏伊一・七五が決定した。しかし補助艦制限問題については妥結に至らなかった。こうして協定の成立したものについて、翌年二月六日正式に条約として調印された。なお各国の批准を経て効力が発生したのは一九二二年（大正十一）八月十七日である。

海軍軍縮条約は三章からなり、第一章「海軍軍備ノ制限ニ関スル一般規定」、第二章「本条約実施ニ関スル規則及ビ用語ノ定義」、第三章「雑則」の全文二四条と四節をもって構成されており、その内容を表示すれば次のとおりである。

ワシントン軍縮条約の内容（括弧内は対米比率）

艦種	制限項目＼国名	日	米	英	仏	伊
主力艦	合計基準トン数	三一万五〇〇〇（三）	五二万五〇〇〇（五）	五二万五〇〇〇（五）	一七万五〇〇〇（一・七五）	一七万五〇〇〇（一・七五）
	単艦基準トン数	三万五〇〇〇トン以下				
	備砲	一六インチ以下				
艦	合計基準トン数	八万一〇〇〇（三）	一三万五〇〇〇（五）	一三万五〇〇〇（五）	六万〇〇〇（一・七五）	六万〇〇〇（一・七五）

航空母	単艦基準トン数	一万トンを超え二万七〇〇〇トンを超えないもの。但し合計基準排水量の範囲内で三万三〇〇〇トンを超えないもの二隻以内を建造できる
	備砲	八インチ以下（但し書き略）
補助艦	合計基準トン数	無制限
	単艦基準トン数	一万トン以下
	備砲	八インチ以下
防備制限		日英米三国は左記各自の領土及び属地に於て、要塞及び根拠地に関し、本条約署名時における現状を維持する ㈠ 比島、グアム、サモア、アリューシャン諸島等、米国が太平洋に於て領有し又は将来取得することがありうる島嶼、但しアラスカ及びパナマ運河地帯を除く ㈡ 香港及び英帝国が東経一一〇度以東の太平洋において領有し又は将来取得することのあり得る島嶼、但しカナダに近接する島嶼、豪州及びその領土及びニュージーランドを除く ㈢ 千島諸島、小笠原諸島、奄美大島、琉球諸島、台湾及び澎湖島ならびに日本が将来することのあり得る島嶼
付則		本条約は一九三六年十二月三十一日まで効力を有する 但しその二年前までに米国政府に条約廃止の意志を通告する国なき時は締約国の何れかが廃止を通告する日より二年を経過するまで引続き効力を有す 締約国の何れかが為した廃止通告が効力を生じた日より一年内に締約国全部は会議を開催す

条約交渉のあとを顧みるとき、日本は国益のギリギリの線を求めて譲歩し、締結に持ち込んだことがうかがえる。これは加藤全権が「日本は経済力からして米国に建艦競争をなすべきでない。まして対米戦争は絶対に避ける」という透徹した国防観を堅持したからである。事実八八艦隊を保有することは、既述のごとく国家財政上不可能であった。

しかし七割比率が達成できなかったことは、会議の席における米英の日本を目指しての圧迫的態度への反感と相まって、海軍部内はもちろん、日本国民をして対米敵意識を起こさせた。その結果は加藤海相の念願とは相違して、帝国国防方針の第二次改訂において、仮想敵国の第一に、それまでの露国に代わって米国が想定され、そのまま太平洋戦争にいたるのである。

ロンドン軍縮会議　ワシントン軍縮会議では、主力艦の制限だけが協定され、補助艦については未協定のまま残された。その結果、補助艦における建艦競争が激化していった。この状況にかんがみ昭和二年（一九二七）二月十日、クーリッヂ米国大統領は、ワシントン会議に参加した日英仏伊四カ国に対し、第二次軍縮会議をジュネーブで開催したいとの提議を行った。日本は斎藤実海軍大将と石井菊次郎駐米大使を全権として派遣したが、仏伊両国は当初から参加せず、したがって日米英三カ国会議となった。ところがこの会議では、米英両国間に対立が生じ、ついに無期休会となった。

その後英米間の対立は、昭和三年（一九二八）八月の不戦条約（ブリアン・ケロッグ協定）の成立を契機に急速に打開され、次いで昭和四年アメリカにおいてフーバーが大統領に就任し、英国に再度マクドナルド内閣が出現すると、両者は互いに相呼応して、開会中の国際連盟軍縮準備委員会に働きかけて、世界の軍縮気運を煽り立てた。

英米両首脳は会談を行って海軍軍縮問題の行き詰まりの打開をはかり、対立する見解の調整を行い、仮協定を結ぶことに成功した。この仮協定のもとに、英外相ヘンダーソンの名で、日・米・仏・伊四国に軍縮会議への招請状が発せられたのである。

会議は昭和五年（一九三〇）一月二十一日ロンドンにおいて開会された。わが国は全権として若槻《わかつき》礼次郎前首相、財部《たからべ》彪《たけし》海相らを派遣した。

わが代表は出発に先立って会議の対策を練り、閣議の決定を経てその大綱をつぎのように発表した。

(1) 国際平和の確保、国民負担の軽減を目標とし、軍備制限より一歩を進めて軍備縮小の達成に努める。

(2) 無脅威不侵略の軍備を鉄則とする。

(3) 次の三大原則を主張する。

(イ) 水上補助艦　総トン数対米七割

(ロ) 大型巡洋艦　対米七割

(ハ) 潜　水　艦　自主的保有量　七万八〇〇〇トン

これに対し、二月五日提示された米国案における日英米三国の補助艦保有量は、次のとおりである。

（艦　種）	（日　本）	（米　国）	（英　国）
大型巡洋艦	一〇万八四〇〇トン	一八万〇〇〇〇トン	一四万六八〇〇トン
軽巡洋艦	九万〇二五五	一四万七〇〇〇	一九万二〇〇〇
駆逐艦	一二万〇〇〇〇	二〇万〇〇〇〇	二〇万〇〇〇〇
潜水艦	四万〇〇〇〇	六万〇〇〇〇	六万〇〇〇〇
〈合　計〉	三五万八六五五	五八万七〇〇〇	五九万八八〇〇

この案では補助艦全体における日本の対米比率は六一・一パーセントである。なお、これに相応する日本案における日米補助艦保有量は次のとおりである。

（艦　種）	（日　本）	（米　国）
大型巡洋艦	一〇万八四〇〇トン	一五万〇〇〇〇トン
軽巡洋艦	一〇万七七五五	一八万九〇〇〇
駆逐艦	一〇万五〇〇〇	一五万〇〇〇〇
潜水艦	七万七九〇〇	八万一〇〇〇
〈合　計〉	三九万九〇五五	五七万〇〇〇〇

会議は日米の対立によってまったく行き詰まってしまったが、三月中旬になり、松平・リード日英両全権の試案を基礎に一つの妥協案が成立した。それは総括的比率で日本案を認め、大巡については

一九三六年まで日本案に従い、その後は米国案によるという折衷案で、内容は左表のとおりである。

(艦　種)	(日　本)	(米　国)	(比　率)
大型巡洋艦	一〇万八四〇〇トン	一八万〇〇〇〇トン	六〇・二二パーセント
軽巡洋艦	一〇万〇四五〇	一四万三五〇〇	七〇・〇〇
駆逐艦	一〇万五五〇〇	一五万〇〇〇〇	七〇・三三
潜水艦	五万二七〇〇	五万二七〇〇	一〇〇・〇〇
〈合　計〉	三六万七〇五〇	五二万六二〇〇	六九・七五

日本全権はただちにこれを本国に請訓した。これに対し、わが海軍省は妥結やむを得ないとの態度をとったが、加藤寛治軍令部長、末次同次長らは、この案は大巡の比率が六割に抑えられていること、潜水艦は同率となっているものの、対米作戦上潜水艦は七万八〇〇〇トンを絶対に必要とするのであって、五万二〇〇〇トンでは対米防衛作戦は不可能である、との二点を挙げて、再交渉を強く主張した。そのためわが政府は態度決定に手間どったが、四月一日の閣議において前記案を受諾することを決定し、その旨をロンドンに打電した。四月二日若槻全権は英米の代表と覚書の交換を了し、これによって三国の補助艦協定の成立をみた(四月二十二日)。

ロンドン条約の内容とその評価　ロンドン条約は五章二六カ条から成り、その内容はおおむね次のとおりである。

第一編で主力艦の建艦休日をさらに五年延期（一九三六年）する（第一条）、保有主力艦をただちに英米一五隻、日本九隻の原則に添うよう余分を廃棄する（第二条）、ワシントン条約で除外された一万トン以下の航空母艦を制限内に入れる（第三条）。

第二編で潜水艦のトン数と備砲を制限（二〇〇〇トン、五・一インチ、但し除外三隻を認む）し（第七条）、六〇〇トン以下の水上艦艇を制限外とし、特務艦の武装を制限速度二〇ノット以下と定め（第八条）、各国に補助艦の起工および竣工時の各条約国への通報義務を規定する（第十条）。

第三編で補助艦の量的規制を定める。これには仏伊は加わらず、日米英三国間協定となった。内容の要点は既述のとおり。なお巡洋艦についてはハインチ砲の有無をもって大型と小型とに区別することを定め（第一五条）、かつ米国の大巡三隻の起工延期を第一八条で規定した。

第四編は潜水艦の商船に対する行動について、水上艦船に関する国際法の規則に従うことを定めた（第二二条）。

第五編は、有効期間を一九三六年（昭和十一）十二月三十一日まで（ワシントン条約と同じ）とし、なお一九三五年新条約を作成するため会議を開催することを定めた。

政府が軍令部の要望を容れず妥結の回訓を行ったことは、統帥権干犯問題を惹起し、海軍部内にかつて思いもよらなかった亀裂を生じ、またいわゆる昭和動乱の一因となるが、これについては次項以下に譲る。

それでは、軍縮問題に対するその後の海軍部内の一般的評価はどうであったろうか。佐藤市郎著『海軍五十年史』（昭和十八年）はこれに答えていると思われるので、その一節を次に掲げたい。

「軍縮会議の功罪については、すでに多くの人によって論じつくされた観があり（中略）、ただ一言述べておきたいことは、ワシントン会議といい、ロンドン会議といい、いずれも米英の策謀によって成立せしめられたものであり、その終局の目的は米英による世界制覇の野望の実現であり、その当面の目的は振興日本の台頭を圧殺するにあったという一事である」

軍縮の波紋

統帥権干犯　日本海軍史上部内的亀裂ともいうべき唯一の事件は、ロンドン条約の調印に伴って生じた統帥権干犯問題である。これは軍縮会議がわが海軍に与えた最も大きな害毒の一つである。

ところで、統帥権干犯とは憲法で定められた統帥権が侵害されたことをいうのであり、この問題がかくも深刻なそして大きな話題を呼んだのは、時の海軍統帥部の長である加藤寛治海軍軍令部長が、この問題に対して責任が果たせなかったとして辞任（五年六月十一日）し、また財部海相も条約批准の終了を待って辞任した（十月三日）ことに集約される。

いっぽう、この問題は第五八特別議会（五年四月二十一日開会）において、政友会総裁犬飼毅が、軍令部の反対する兵力量では国防の安全は期待できないと政府を攻撃し、さらに統帥権干犯の疑いがあると論難したことで政治問題化し、同時にこれによって海軍内部の矛盾が世論にさらされ、部内外を強く刺激したのであった。

さらに五月二十日には、東海道線の寝台車内で海軍少佐草刈英治が自刃するという事件が起きた。彼は財部全権一行の帰還に際し、同全権を暗殺しようとして果たさず遂にこの挙に及んだのであった。次いで加藤軍令部長の辞任となり海軍の屋台骨が揺らいだのである。

そこで、今少し問題の根本に立ち入って説明を加えることとする。まず海軍軍令部の主張を要約すると、次のとおりである。

「憲法第十一条（天皇ハ陸海軍ヲ統帥ス）は純然たる作戦統帥に関する天皇の権限で、これについては海軍軍令部長及び参謀総長が天皇を補佐すべきもので、国務大臣の補佐する範囲外である。しかし憲法第十二条（天皇ハ陸海軍ノ編制及常備兵額ヲ定ム）は純然たる軍政事項ではなく統帥事項を含んでいる。従って具体的には、陸海軍の編制・常備兵額について、国防用兵上の見地から処理する間は主として軍令部長（参謀総長）が補佐すべきで、予算折衝に入ってからは主として責任大臣が補佐すべき範囲である」

この見解をとる加藤軍令部長は「米国提案にかかる兵力量（既述）には職責上同意することはできない」として、四月一日の回訓が出される前に海軍省に申し入れをし、また軍令事項について上奏した。したがって政府は天皇の裁可を待たずに回訓を発したことになり、明らかな統帥権干犯だということにあった。

ところが海軍省は、統帥事項のうち国務に関する範囲のものは、国務大臣に輔弼《ほひつ》の責任があるとみており、ロンドン条約についても、ワシントン条約の場合同様、条約締結の主管である海軍省が、軍令部の意見を参考にし、最終的に天皇の裁可を得べきと判断していた。またこの解釈に立って、首相は四月一日上奏して回訓の裁可を得たのであった。

しこりを残す　ところで、いうまでもなく条約締結の大権、統帥大権、編制大権は天皇が保有しており、その承認を得たところに統帥権干犯はあり得ない。しかも加藤軍令部長の上奏は実際には一日遅れて四月二日になっており、手続的にみても加藤軍令部長の言い分は通らないのである。ただし統帥権をめぐり憲法解釈に疑義が生じたのは紛れなき事実である。

政友会の政府糾弾はもっぱら政府打倒の政治目的が主眼であり、有力新聞を挙げての非難にあって潰えた。また枢密院における反対も、世論に押され、かつ海軍軍事参議官会議が条件付きながら条約案を認めたこともあって、態度一変し、九月十七日満場一致で無条件で承認した。

さきの条件とは、本件に関し、天皇の諮詢《しじゅん》に対する奉答文の最終案を審議した七月二十三日の軍事参議官会議において、同文中に、「ロンドン海軍条約兵力量は我作戦用兵上に欠陥あり、仮令制限外の方法をもって欠陥を補う途なきにあらざるも、完全を期すること難きを遺憾とする」意味を表す一項をおり込むことに決定した、そのことである（加藤寛治大将伝記編纂会『加藤寛治大将伝』）。

これを受けて政府は財政その他の事情を考慮し、航空兵力及び制限外艦船の充実、訓練の励行、防備施設の改善及び協定保有量の十分な活用につとめることを約した。

また兵力量決定については、しばらく不明確な解釈がつづくが、やがて総決算ともいうべき「兵力量ノ決定ニ就テ」（昭和八年一月二十三日）陸海統帥部と陸海軍省の間（大角岑生海相、伏見宮博恭王軍令部長、荒木貞夫陸相、閑院宮参謀総長）に次の覚書がとりかわされたことによって、軍令部の主務が明確となった。

兵力ノ決定ニ就キテ次ノ如ク見解ノ一致ヲ見タリ

兵力量ノ決定ハ天皇ノ大権ニ属ス　而シテ兵力量ハ国防用兵上絶対必要ノ要素ナルヲ以テ　統帥ノ幕僚タル参謀総長、軍令部長之ヲ立案シ　其決定ハ此帷幄機関ヲ通ジテ行ハルルモノナリ

然レドモ此事タルヤ固ヨリ政治特ニ外交財政トモ密接ナル連繫ヲ保タシムベキモノナルガ故ニ其大権発動ノ最終的決定前ノ手続ニ於テハ　政府ト十分ノ協調ヲ保持シ慎重審議スベキハ勿論ニシテ　両者間に扞格ヲ見ルベキモノニアラス　之レ統帥及内閣ノ円滑ナル輔翼輔弼ノ責任ナリ

而シテ現ニ斯クノ如ク実行セラレアルモノトス

なお大角海相のとき（昭和八年）、ロンドン条約の締結に努力したいわゆる条約派とよばれる人材はすべて予備役に編入された。谷口尚真、山梨勝之進、左近司政三、堀悌吉、寺島健らがそれである。

この中で特に堀中将を失ったことは日本海軍にとって極めて大きな損失であったと、当時から多くの識者によって惜しまれている。「堀を失ったのと、大巡の一割とどちらかな」と語った山本五十六大将の言葉は、それを代弁するものといえよう。

五・一五事件　軍縮会議が残した今一つの波紋は、五・一五事件である。同事件は国家改造を目指す海軍中尉古賀清以下六名の海軍士官が中心となり、これに陸軍士官学校生徒一一名が加わり、昭和七年（一九三二）五月十五日夕刻、犬養首相官邸その他を襲撃して、同首相を射殺した一種のクーデターである。別に民間人八名からなる農民決死隊が市内変電所を襲ったが、東京の暗黒化は実現しなかった。

事件はこのように児戯にも似た結果に終わったが、現役軍人による首相の殺害は、国民に大きな衝撃を与えずにおかなかった。同時に生活苦にあえぐ国民大衆、特に農民にとっては救い神とも思われ、その同情を買った。

裁判は陸軍、海軍、民間の三つに分かれて行われた。海軍は横須賀軍法会議で担当し、山本高治検察官は九月十一日、彼らの行為は軍人勅諭で戒められた軍人の政治干与であるとして、首謀者古賀・三上両中尉の死刑を含む厳しい論告求刑を行った。

いっぽう国民の被告に対する同情は一斉にもり上がり、十月末までに裁判に寄せられた減刑嘆願書は七〇万通にも達した。けっきょく判決はこのような世論をうけて、さきの両被告に対してすら一五年の禁錮《きんこ》という比較的軽いものとなった。

それではいったい、何が彼らをしてこのような行為に走らせたのであろうか。海軍士官は合理主義・科学主義の兵学校教育によって育てられ、卒業後は何よりも船乗りであることが要求され、思想問題や社会運動とは無縁無関心なのが普通であるだけに特に関心をひく。

古賀は軍法会議において、このことにふれ、兵学校時代から北一輝の国家改造論に魅せられ、かつその方面ですでに闘士的活動に入っていた二期先輩の藤井斉と連絡をとっていた。卒業して霞ヶ浦航空隊の学生となると、そこに藤井がおり、同僚山岸・中村も加わって実際行動について考えるようになったと述べている。

当時わが国では、浜口首相狙撃事件（五年十一月）、続く六年九月の満州事変、同十月の十月事件などファッシズムの嵐が吹き始めていた。陸軍の右翼グループ桜会の領袖橋本欣五郎《きんごろう》中佐、民間右翼思想家大川周明、ファッシズム運動の理論家北一輝、及びその同志陸軍士官学校出身の西田税らが活発に動き、藤井は北の門下に投じていた。古賀らはその藤井の指導のもとに昭和ファッシズムに加担したのである。なお藤井は上海事変に出征し、この事件に先立って戦死した。

いま一つ無視できないものに軍縮条約の影響がある。これは彼らの裁判に当たって、同期生（海兵五八期）を代表して特別弁護に立った清水鉄男海軍中尉が、法廷で行った次の陳述の中から汲みとることができる。

「西暦一九二二年、アメリカの策略は、平和の美名に名を藉りて、ついにかのワシントン条約をつくり上げたのでありました。日本の世論は、英米二国の野心のかたまりであったこの外交上大芝居を易々と上演せしめ、アメリカの野望の第一歩を笑顔をもって迎えたのでありました（中略）。主力艦の欠陥は補助艦をもって、量の欠陥は質をもって、そして燃料と爆薬の欠陥はただわれわれの意気と熱をもって補おうと、日夜研鑽、武を練り、技を磨きつつあった私達の眼に映った国内の有様は、はたして如何でありましたか。時弊に凝って、ついに恐るべき議会中心主義となってあらわれ、不戦条約となってその正体を暴露し、ついに亡国的ロンドン条約は締結されたのでありました……」（塚崎直義『五・一五の全貌と解決』）

五・一五事件は一つのテロ行為に終わったが、その行動の中心が、それまで表面に現れなかった海軍将校であり、かつ現職の総理を殺害したことにおいて、既往の陸軍中心で、かつ計画倒れに終わった三月事件（昭和六年）や十月事件に比し、事態の切迫さを思わせた。

それ故その収拾には、重臣や軍の長老の間で慎重な協議が重ねられた。その結果、部内外の信望のあつい海軍大将斎藤実が内閣の首班に推された。これによって政党内閣はいったん終わりを告げ、実質的に軍部及び軍人の政治支配の時代に入るのである。

また彼らが法廷において述べた政治の矛盾や国家改造論の要旨は、連日新聞で報道されて国民各層に共感を呼び起こし、中でも軍部特に青年将校たちを感奮させ、かつ一人の死刑もなかったことと相まって、青年将校たちに同種の行動への関心を深めさせた。かくして五・一五事件は、日本をしていよいよ本格的なファッシズムの時代に導いていったのである。

友鶴事件　昭和九年（一九三四）三月十二日午前四時一二分、佐世保港外大立島の南方海上七マイルにおいて、水雷艇友鶴が波浪によって転覆沈没するという事件がおきた。同艇は同年二月舞鶴で竣工し、三月十二日僚艦千鳥および真鶴とともに第二十一水雷戦隊の編制に入り、同日午前一時三〇分佐世保を出港し、夜襲訓練を行ったが、風が次第に強まり風速一八メートル、波高四メートルの荒天になったので、演習を中止して帰港中この遭難となったのである。

ただちに野村吉三郎大将を委員長とする査問委員会が設けられて原因の調査が行われ、他方海軍艦政本部の技術的調査も行われた。その結果遭難当時、友鶴は約四〇度の動揺を反覆するうちに転覆沈没したものと推定され、主原因は荒天波浪に対抗する復元力の不足にあったことが指摘された。

それは当然設計上の欠陥ということになるが、そのよって来るところとしては次の三点が挙げられる。

(1)　ロンドン条約対策としての過重武装
(2)　軍令部の過当な要求性能
(3)　造船官の妥協又は屈服

既述のように、ロンドン条約は六〇〇トン未満の艦艇の建造に制限を加えなかった。同条約に不満をもつ日本海軍は、この制限なき分野に少しでも活路を見出そうとした。その結果、「速力三〇ノット、航続力三〇〇〇マイル、五インチ砲三門、発射管四門」という、普通では一〇〇〇トン駆逐艦に対する性能を六〇〇トン未満の水雷艇に求めたのである。

この無理な要求を平賀門下の逸材藤本喜久雄造船少将が引き受け、基準排水量約五三〇トンで仕上げたのであったが、実はそれは復元力を犠牲にしていたのである。このことは同型の第一艇千鳥の重心測定試験による数字の上にはっきりと現れた（それは浮力の中心〔M〕と船の重心〔G〕との長さ〔GM〕が小さ過ぎること）ばかりでなく、公試（八年八月）において、全速力で一五度の転舵を行うと艦はたちまち三〇度の大傾斜を示した。よってそれ以上の舵角試験は危険として中止され、復元力の増大を図るためのバルジを装着して第二次試験をパスさせたのであったが、それは辛うじて最低線に達したという程度のものであった。

友鶴は「千鳥」型の二番艇であり、当然砲数を減らすか、雷装を縮小するか、艦橋を低くするか等の根本対策が講ぜられなければならなかったが、そこまで深刻にはとりあげられなかった。

昭和九年四月五日加藤寛治大将を委員長とし、用兵造船の委員をもって臨時艦艇性能調査委員会が設置され、「友鶴事件」に関する対策が講ぜられた。

復元力の不足は、友鶴型と前後して設計された空母龍驤《りゅうじょう》・蒼龍、潜水母艦大鯨、巡洋艦最上型、その他駆逐艦、掃海艇、駆潜艇にも共通し、特に最新のものほど著しいと判断されたので、同委員会は既成未成を通じ、いやしくも復元力にいささかでも不足があると認められるものは満足するまで改善し、未起工のものは根本から設計を改めるよう指示した。かくて友鶴事件を契機に、艦艇は新旧を問わず全面的に復元性能に対する再検討とそれに基づく改造工事が行われた。これは全海軍を揺がした一大画期的業績と評価されている。

第四艦隊事件　友鶴事件の衝撃の未だ冷めやらぬ翌十年九月二十六日、日本海軍は再び第四艦隊事件という不祥事件に見舞われた。これは演習中の連合艦隊の一隊（赤軍）が岩手県東沖合二五〇マイルの太平洋上において風速五〇メートルの大暴風雨に遭遇し、次の如き大被害を生じた事件である。

駆逐艦「初雪」「夕霧」は艦首切断流失
駆逐艦「菊月」「陸月」「三日月」「朝風」は艦橋倒壊
空　母「龍驤」は艦橋圧潰
空　母「鳳翔」は甲板前端圧潰
重　巡「最上」は艦首外鈑に亀裂発生
重　巡「妙高」は船体中部外鈑の鋲接弛緩
特型駆逐艦数隻の舷側鉄に危険皺発生（切断の一歩前）。

また将兵の死亡は五四名に及んだ。

ところでこの演習開始直前の七月上旬、「初雪」級の特型駆逐艦は東京湾外で高速運転中、その一艦「叢雲」の舷側に皺《しわ》が生じたのが発見された。これは舷側鈑に亀裂の生ずる前兆である。

横須賀で調査に当たった牧野造船少佐は、これを「強度不足」のため発生した重大事と認め、同型艦全部の演習参加を取り止め、全面的再検討を加えることを艦政本部に進言したが、同本部首脳部はとうてい軍令部が容認しないだろうと、握りつぶしてしまった。

昭和十年十月十日野村吉三郎大将を委員長とする査問会が組織され、さらに十月三十一日には小林躋造《せいぞう》大将を委員長とする臨時艦艇性能調査委員会が海軍省に設置されて、事故原因の調査と対策について審議が行われた。その結果、特型駆逐艦については船体強度不十分であることが明らかとなり、また電気熔接に問題点のあることも指摘され、改めて所要の補修が行われるとともに、船体の主要強力材相互間の電気熔接を中止し、従前通り鋲構造を主用する方針となった。

かくて復元力と船体強度に起因する両事件は「雨降って地固まる」結果になったが、しかし両事件によってもたらされた損害と衝撃は大きかった。そのもとを質せば、何れもロンドン軍縮条約に対応して、重装備軽量化という技術的無理をおかしたことにあったのである。

軍備の躍進

軍縮離脱　ロンドン条約の有効期間は、ワシントン条約と同じく一九三六年（昭和十一）十二月三十一日と定められたが、同時に次期会議に関し「本条約の条約国全部が締約国となる一層一般的な海軍軍備制限協定により、別段の取極をなさざる限り、本条約に代わり、且本条約の目的を遂行する新条約を作成する為一九三五年（昭和十）に会議を開催す」と規定されていた。

この条項に基づいて昭和十年十月二十五日、英国は第二次ロンドン会議を開催すべく日米仏伊に対して招請状を発し、これら各国の承諾を得た。わが国は永野修身海軍大将と永井松三大使を主席全権として出席させた。随員の一人に国際法学者海軍書記官榎本重治が加わった。

これより先、昭和九年（一九三四）五月十七日英国外相サイモンスの名をもってワシントン条約参加の五カ国に対し、ワシントン条約の廃棄及びロンドン条約の改正の必要性について、ロンドン予備会議の開催を提議した。そこでわが国は駐英大使松平恒雄らを派遣参加させたが、各国の主張に懸隔が大きく、七月十七日共同声明を発して交渉は一時中止となった。

その後再開された会議には、海軍少将山本五十六（会議中に中将に昇進）をロンドンに派遣し、十月二十三日より交渉に当たらせた。しかしワシントン条約の踏襲を原則とする米英両国の主張は、「不脅威・不侵略の原則に立った攻撃的軍備の大縮減の断行」を求めるわが国の主張とはついに一致点をみなかった。

ロンドン条約は一九三六年（昭和十一）末日に自然失効するのであるが、ワシントン条約の失効には二年前の通告が必要であるので、日本政府は昭和九年十二月三日の閣議で同条約の単独廃棄通告を最終的に確認し、十二月二十九日斎藤駐米大使をして同通告をハル米国務長官に手交させた。

第二次ロンドン会議は、昭和十年十二月九日ロンドンで開催され、まず各国代表の演説が行われ、日本代表は、主力艦・航空母艦・一等巡洋艦等攻撃的艦種の全廃もしくは縮小を主体とする、保有量の世界共通最大限度を制定し、不脅威・不侵略の事態を確定することを主張した。

会議は十二月十六日から休暇に入り、一月六日再開されたが、日本代表は、日本の提案がほとんど顧みられず後廻しにされたことから到底望みなしと判断し、一月十五日、さらに最終的な説明を行い、かつ本国政府の了承も得て、一月十六日正式に脱退の通告を行った。

かくして海軍軍備制限に関するワシントン条約及びロンドン条約は、昭和十一年（一九三六）十二月三十一日限り無効となり、昭和十二年一月以降無条約時代に入ったのである。なお同時点における日英米三国の現有勢力は、日本約七〇万トン、米約八〇万トン、英約一〇〇万トンであった。

大和の建造　軍縮離脱を決定した日本海軍は、米国との建艦競争に対処しなければならなかった。その建艦競争のうち建造期間、経費、技術等の各方面からみて、戦艦の対米保有比率の向上は最も困難であった。けっきょく隻数において対抗する手段はまったく見込めないため、個艦威力で圧倒する方策に善意し、合計四隻の巨大戦艦を計画し、うち二隻を③計画（マルサン計画と呼称し、昭和十二年度第三次補充計画をさす）に織り込んだ。この両艦が大和及び武蔵である。

日本海軍はこの戦艦を世界最強の戦艦にするため、海軍特に技術陣の全智を絞った結果、基準排水量六万四〇〇〇トンで世界最大、攻撃力は四六サンチ主砲九門で世界最強、防禦力、航海能力、艤装一般等を含めた総合的戦闘能力において、名実ともに世界最優秀戦艦として出現させることに成功した。日本海軍はこの戦艦の威力に絶大の信頼をおき、無条約時代の対米決戦において米主力艦を大和の主砲によって圧倒する自信を得たのである。なお大和の就役頃までの艦歴は大要次のとおりである。

（年　月　日）	（記　　事）
十一、七、二十	艦型決定
十二、八、二十一	呉海軍工廠に建造命令
〃　十一、八	起工式（造船ドック）（仮称第一号艦）
十五、八、八	進水命名式（大和と命名）
十六、十、十六	公試開始（艤装員長宮里秀徳）
〃　十、三十	公試運転終了
〃　十二、七	主砲四六サンチ九門斉射公試終了
〃　十二、八	太平洋戦争開戦
〃　十二、十六	引渡式（初代艦長高柳儀八）
十七、二、十二	連合艦隊旗艦山本五十六大将坐乗
〃　五、二十九	ミッドウェー作戦に出撃

〃　八、二十九　トラック島着、ガダルカナル島支援作戦

ちなみに大和をそれまでのわが最大戦艦長門と比べると、その性能は次表に示すように格段の開きがあり、外容を望見するとき、戦艦大和に対し、長門は軽巡を思わせるほどであった。

（艦名）	（長さ）	（幅）	（吃水）	（排水量）	（主　砲）
大　和	二八六・一	三八・九	一〇・四	六万九一〇〇	四六サンチ三連装三基
長　門	二一三・五	二九・〇	八・〇	三万六〇〇〇	四〇サンチ二連装四基

〈注〉長さ、幅、吃水はメートル、排水量はトン

また米戦艦と対比するとき、大和と同時期に建造されたノース・カロライナは四五口径四〇サンチ三連装三基、三万五〇〇〇トンであり、また昭和十八年～十九年完成し、対日戦に参加したアイオワ型は四〇サンチ三連装三基で、いずれも大和に遠く及ばなかった。

ところで大和の建造に当たっては、主として航空部門から強い反対がなされた。その多くは、大和一隻の建造費で飛行機一〇〇〇機がつくれるということにあった。

太平洋戦争の結果からみれば、後述するごとく、大和・武蔵は象徴的存在に終わった。しかもそれは飛行機一〇〇〇機が惜しまれる以上に、その存在がわが海軍戦略を永く大和中心の大艦巨砲主義に釘付けたことが悔いられることになる。

潜水艦用法の確立　無条約時代に入った日本海軍は自主的特徴ある軍備を目指し、昭和十二年以降

六カ年の継続費をもって実施したのが、第三次補充計画（③計画）である。この補充計画で潜水艦は次のように建造された。

甲型二隻（イ9、イ10）

乙型六隻（イ15、イ17、イ19、イ21、イ23、イ25）

丙型五隻（イ16、イ18、イ20、イ22、イ24）

これらの潜水艦は、昭和十五年三月三十日のイ16潜を最初に、開戦までに全部竣工した。さらに昭和十四年度から六カ年にわたる④計画を立てて実行に移した。これによって次の潜水艦が建造された。

甲　型　一隻（イ11）

乙　型　一四隻（イ26〜イ39）

海大型　一〇隻（イ176〜イ185）

イ26潜は開戦直前の昭和十六年（一九四一）十一月六日、その他は開戦後から昭和十八年四月までに逐次竣工した。

ここに甲型は旗艦施設を持ち偵察機搭載・航続距離一六ノットで一万六〇〇〇マイル以上、乙型は偵察機一機、丙型は偵察機を搭載しない代わりに雷装を強化し、航続力はいずれも一万四〇〇〇マイル以上、また潜航所要時間は各型とも五〇秒であった。

なおこの頃水中高速潜水艦の試作が行われ、水上一八ノット、水中二五ノットの計画で排水量二〇

○トン、四五サンチ発射管三門を備え、その一番艦は第七十一号艦と仮称された。しかし構造が複雑で量産不適との理由で試作にとどまった。

以上による昭和十六年末の日本の保有潜水艦は六五隻（九万九〇〇〇トン）である。これは米国の一〇九隻（二万一〇〇〇トン）に比すれば及ばないものの、ロンドン会議に際して日本が主張した潜水艦の自主的保有量七万八〇〇〇トンを上廻るのである。

また潜水艦の用法について、日本海軍がまず確立したのは、艦隊決戦における敵主力艦の攻撃である。これは末次潜水戦隊司令官の猛訓練によって目鼻がついたとみてよいであろう。この頃の潜水艦は、その行動能力からみて遠く敵の根拠地近く作戦するのは困難であり、もっぱら戦術的用法を考えていたのである。

ところで敵艦隊を漸減するためには、敵出撃後追跡触接し、随時その前程に進出して好機をとらえて攻撃しなければならない。昭和九年から竣工した海大六型（イ一六九潜）及び前掲③計画による甲乙丙潜水艦は長期行動が可能なだけでなく、海大型潜水艦と同じく水上高速が発揮できるようになった。これによって日本海軍の潜水艦に対しては監視、追跡、触接、漸減、艦隊決戦参加という用法が確立されたのである。なおこの用法は連合艦隊戦策の中にとり入れられ詳細に規定された。

また、このように監視に任ずる潜水艦は哨戒期間、往復、整備休養から三直交代を必要とし、一直潜水艦は三個潜水戦隊（一個潜水戦隊は旗艦と三個潜水隊で一〇隻）総計九〇隻が必要と考えられた。

軍備制限撤廃後米軍備拡張計画に対応する軍備として⑤⑥計画が計画され、潜水艦はこの計画によって九〇隻の大型潜水艦を建造することとなり、ここに潜水艦は邀撃漸減艦隊決戦に寄与する目途が一〇〇パーセント立ったのである。

ところで、太平洋戦争において潜水艦部隊（先遣部隊）はほとんど見るべき戦果を挙げることができなかった。その主因は、いま述べてきた用法に無理があったためである。それは、端的に言って、潜水艦は依然として水上艦艇に対しては、攻防両面とも性能的に到底及ばなかったこと、及び潜水艦の最も苦手とする敵の飛行機が随時戦術場面に現れるようになったためである。

零戦の完成　昭和十五年（一九四〇）八月十九日零《ぜろ》戦隊は初めて中国作戦に参加し、次々と大戦果を挙げた。これについては次項で述べるが、その結果、攻撃隊の護衛のほか、積極的な敵航空兵力攻撃用としての真価が認められ、中国における奥地航空撃滅戦の行き詰まり打開の糸口をつけた。

中国における海軍航空部隊の作戦は、昭和十六年八月末をもって打ち切られ、総引き揚げとなって対米開戦に備えた。既述のごとく対米戦略の基本は漸減邀撃《ようげき》であり、主力決戦に先立つ航空撃滅戦が重視され、零戦の威力が期待されたのであった。開戦後の零戦の活躍は目覚ましく、戦争全期を通じ、わが主力戦闘機の地位を譲らなかった。

零戦は昭和十二年十月、十二試（昭和十二年試作開始）艦戦として発注されたもので、要求性能のうち主なものを挙げれば次のとおりである。

(1) 用途　掩護戦闘機として敵軽戦闘機（空中戦闘を目的とし運動性能を重視する）より優秀な空中性能を備え、邀撃戦闘機として敵の攻撃機を捕捉撃破しうるもの
(2) 最大速力　高度四〇〇〇メートルで二七〇節以上
(3) 上　昇　力　高度三〇〇〇メートルまで三分三〇秒以内
(4) 航　続　力　正規、公称馬力で一・二～一・五時間（高度三〇〇〇メートル）、過荷重・落下増槽をつけて高度三〇〇〇メートル、巡航速力で六時間以上
(5) 離陸滑走距離　風速一二メートル／秒で七〇メートル以下
(6) 空戦性能　九六式二号艦戦一型に劣らぬこと
(7) 銃装　二〇ミリ二挺、七・七ミリ二挺、九八式射爆照準器
(8) 爆装　過荷重時六〇キロまたは三〇キロ二発

この要求は極めて苛酷なものであったが、当時わが国で開発された超々ジュラルミン（ＥＳＤ）の採用によって重量軽減に成功した上に、高性能の発動機が出現して、本機の基本性能を著しく優秀なものにした。さらに落下増槽で航続距離を増延し、かつ二〇ミリ機銃の装備で火力は画期的に向上した。しかも空戦性能は極めて優秀で操縦も容易であった。

しかし機体強度に不安をのこし、実用試験中を、中国戦線からの強い要求によって、十五年七月漢《ハン》口《コー》基地に進出し、現地でのテストを続け、同月末兵器に採用され、八月から作戦に参加、次項に述べ

るごとく緒戦において大戦果をあげて一躍名声を博したのであった。

機体の強度不足はついに空中分解の事故を起こし、いちじ、速力制限が行われたが、画期的対策が講ぜられ、開戦までに問題点はすべて解決されて、戦艦大和とともに太平洋戦争に臨む海軍将士の大きな心頼みとなったのである。

対支作戦

在支海軍部隊　一九三一年（昭和六）九月十八日満州事変勃発以来、翌年一月の上海事変、やがて一九三七年（昭和十二）七月七日の盧溝橋《ろこうきょう》事件に続く支那事変は、一貫して大陸作戦が主体であり、海軍作戦はあくまで従であり、規模も小さかった。しかし決して陸軍任せにしていたわけではなかった。

その作戦は航空作戦、封鎖、市街戦、地上戦協力など広汎にわたったが、なかでも航空作戦における海軍航空隊の活躍は目覚ましく、また上海特別陸戦隊の勇戦は国民の感激を呼ぶと共に、海軍部内の士気をたかめる上に大きく寄与した。以下支那方面における海軍部隊の編制について概説した後、その作戦について述べることとする。

支那方面に第三艦隊がおかれたのは昭和七年二月で、第一遣外艦隊、第三戦隊、第一航空戦隊、第一水雷戦隊、上海特別陸戦隊等から編制され、野村吉三郎中将が第三艦隊司令長官に任命された。目的はいうまでもなく上海事変に対処するためであった。

支那事変が勃発し、陸軍の杭州湾上陸作戦が行われるに当たり、恒常的広域部隊として支那方面艦隊が新編された。それは第三艦隊のうち外洋作戦に適する兵力を抽出して第四艦隊とし、第四艦隊と第三艦隊が基幹となったもので、支那方面艦隊司令長官は第三艦隊司令長官長谷川清中将が兼務した。

昭和十四年（一九三九）十一月十五日支那方面艦隊は、その任務と兵力を整理する目的で編成替えが行われた。その大筋は次のとおりである。

支那方面艦隊（司令長官及川古志郎大将）

第一遣支艦隊（中支）（司令長官谷本馬太郎中将）　第十一戦隊ほか

第二遣支艦隊（北支）（司令長官高須四郎中将）　第十五戦隊ほか

第三遣支艦隊（南支）（司令長官野村直邦中将）　第十二戦隊ほか

支那方面船隊付属　第十三戦隊・第二連合航空隊ほか

太平洋戦争中は基本的にこの編制をもって終始した。なおここで陸戦隊について説明すると、陸上戦を行うため艦艇乗員をもって編成した臨時の銃隊を「陸戦隊」と呼称し、地域に常駐し、その所在地及びその付近の警備に任ずるものを「特別陸戦隊」と定められた。後者は昭和七年（一九三二）、上海方面に設置された上海特別陸戦隊をその創始とする。その後上海及び青島方面の警備力増強のために各鎮守府にも特別陸戦隊が設置され、逐次中国戦線に投入された。

航空作戦　満州及び支那事変を通じて最も目覚しい活躍をした海軍部隊は航空部隊であった。上海の形勢悪化の兆しをみるや、水上機母艦「能登呂」は七年一月二十四日上海に到着、次いで第一航空戦隊「加賀・鳳翔」が揚子江に入った。二月五日「鳳翔」戦闘機は真茹上空で、敵戦闘機とわが海軍航空史上最初の空中戦を行った。引き続き第一航空戦隊は陸戦に協力した。

次いで支那事変勃発するや、昭和十二年八月、わが中攻部隊たる第一連合航空隊の木更津航空隊は済州島へ、同鹿屋《かのや》航空隊は台北に進出、八月十四日から約二週間にわたって、上海付近の敵航空基地を猛爆し、やがてその攻撃は南京・南昌《なんしょう》にまで及び、九月中下旬には南京制圧作戦を行った。これが空戦史上有名な渡洋爆撃である。

南京攻略（十二月十三日）後艦載機部隊たる第二連合航空隊は南京基地に進出し、次いで第一連合航空隊もこれに合し、連合空襲部隊が編成され、次期作戦に備えた。

なお翌十三年二月には、中国での航空作戦に関し次の如き協定が定められた。

陸海軍航空協定

一　北支方面ノ航空作戦ハ主トシテ陸軍之ニ任ス

二　南支方面ノ航空作戦ハ主トシテ海軍之ニ任ス

三　中支方面

㈠ 敵空軍ノ覆滅ハ陸海軍共同之ニ任ス
㈡ 陸海軍各自ノ作戦ニ直接必要ナル航空作戦ハ夫々陸海軍航空部隊之ニ任ス
㈢ 当分ノ間左ノ兵力ヲ予定スルモ状況ニヨリ変更スルコトアルヘシ
陸軍　偵察二中隊（一八機）、戦闘二中隊（三六機）、軽爆二中隊（一五機）
海軍　艦戦三隊（三六機）、艦攻一隊（一二機）、中攻二隊（二四機）
㈣ 略

これによってみても、海軍航空部隊が陸軍に劣らない兵力を行使していることがわかる。十四年五月に行われた徐州作戦には、海軍航空部隊が全面的に支援し、作戦中徐州付近の制空権を終始わが掌中に収めた。なお同作戦の支援において海軍航空部隊の出撃回数は一八〇〇回、投下爆弾九〇〇トンに達した。また昭和十四年中の中国全土における航空作戦において敵航空部隊に与えた損害は、撃墜確実二四一機、不確実一七機、爆破確実二八五機、不確実三五機、わが被害は七一機と記録されている。

ちなみに当時中国空軍は所有機三五〇〜四〇〇、半数はソ連製、毎月の輸入機数は六〇〜八〇機で航空基地は蘭州・西安・漢口・南昌が主基地で前方に多数の前進基地があった。

漢口攻略にも全面的な航空支援を行い、八月三日の漢口上空での大空中戦によって完全に航空制圧に成功した。

次いで行われた航空大作戦は十五年五月から九月上旬まで、漢口を基地とし四川省方面の敵航空機の撃滅戦で、連合空襲部隊が陸軍航空部隊と協力した作戦（百一号作戦）である。

この作戦中、零式戦闘機が初めて中国戦線に進出して大活躍を開始するが、これは百一号作戦を指揮する山口第一連合航空隊司令官と大西第二連合航空隊司令官の強い要請に基づくものであった。八月十九日中国に進出した零戦隊は、九月十九日の重慶空襲において、わずか一三機の零戦で三〇機の敵戦闘機と戦い、うち二七機を撃墜した。以後、同年内に成都で二回にわたり大戦果を挙げた。その他の出撃時には零戦に立ち向かう敵戦闘機はほとんど出現しなかった。これによって既述のように、中国奥地の航空撃滅戦の糸口がついたのである。

昭和十六年に入ると、海軍航空部隊は重点を海上作戦能力の向上に指向し、一月には基地航空兵力の主力をもって第十一航空艦隊が編成され、連合艦隊に所属された。次いで八月末をもって中国での作戦を打ち切り、総引き揚げとなった。

海軍航空部隊の中国作戦における活躍は以上のごとく極めてみごとなものがあり、太平洋戦争直前の十二月一日現在の中国空軍の第一線兵力が、戦闘機約五〇機、爆撃機約五〇機に激減していたのはその成果の現れである。

封鎖作戦　中国でのわが海軍作戦の中でいま一つの重要なものは封鎖作戦であった。この作戦は海外からの援蔣物資の搬入を阻止するため、中国全沿海において中国船舶の交通を遮断するものであった。

封鎖作戦は十二年（一九三七）八月二十五日から海上交通遮断作戦と銘打って開始され、わが艦艇をもってする臨検・だ捕、抑留等の洋上作戦をその主たる内容とし、当初は大きな実績を挙げた。しかし数少ないわが艦艇をもってするこの作戦に対しては抜け道が多く、次第に成果も鈍っていった。そのためこの作戦のほか、次の諸策がとられるようになった。

(一) 封鎖部隊の基地獲得作戦

(二) 敵の補給基地となっている主要港の占拠

(三) 敵の補給基地となっている主要港の閉塞

(四) 特定港湾の出入禁止

昭和十三年中は右のうち第一、二項が実施に移され、洋上作戦以外に、厦門《アモイ》、連雲港、南澳島、広東などの要衝攻略作戦が実施された。これらのうち広東攻略作戦は、援蔣物資の八割を通している香港ルートを遮断するためのもので、次のような陸海の大兵力を行使した大協同作戦であった。

陸軍兵力は第二十一軍（三個師団と一個飛行団）、海軍は第五艦隊（第九・第十・第八戦隊、第二・第五水雷戦隊、第一・第二航空戦隊、第二根拠地隊、第十四及び高雄航空隊等）で、海軍兵力の合計は、重巡二、軽巡七、駆逐艦約二〇隻、艦載機約一五〇機、中攻一二機（状況によって第一連合航空隊の中攻二四機増強）、水偵一六機である。海軍の主任務は、陸軍の大兵団の海上護衛と上陸作戦及び広東進撃作戦の支援にあった。

実施は二カ月余にわたる周到な準備によって一〇六隻の大船団が編成され、その第一陣は、海軍の二〇余隻の艦艇に護衛され、十月九日馬公発、十一日薄暮入泊、翌〇三三〇上陸を開始した。敵航空兵力はすでに八月下旬南雄において我が航空部隊によって、その戦闘機隊を殲滅《せんめつ》されており、制空権はわが手中にあった。日本軍は大した抵抗を受けることなく上陸し、以後快進撃を続け十月二十一日広東を攻略し、援蔣ルートの遮断に成功した。

昭和十四年度には海南島・汕頭・南寧等の攻略作戦、福州・温州その他沿岸諸港の閉塞を実施した。閉塞に当たっては、第三国へ外交機関を通じて危険物設置位置の明示を行った。閉塞の方法としてはジャンクを沈め、場所によっては機雷を敷設した。

以上の諸作戦によっても封鎖の成果はそれほど挙がらなかった。昭和十五年五月着任した新支那方面艦隊司令長官島田中将は、封鎖状況を巡視して、封鎖を一層強化する要があると認めた。七月十五日、杭州湾及び象山浦海面、温州付近、三都澳付近、福州付近について在来の中国船舶の航行禁止のほか、第三国船舶に対しても出入することを禁止し、これを中外に宣言した。

昭和十六年（一九四一）に入り、大本営は封鎖強化対策として、援蔣拠点を海上から封鎖するだけでなく、陸海協同してこれら拠点を占領して、海外からの援蔣行為を根絶する作戦に出た。これが「C作戦」と呼称されるものである。

実施された作戦は「C一号作戦」（香港と韶関にいたる輸送路遮断）、「C二号作戦」（雷州方面遮断）、「C三号作戦」（汕尾方面遮断）、「C四号作戦」（福州攻略）、「C五号作戦」（甲子港攻略）などの諸作戦で、海軍は主として第二遣支艦隊が当たった。なお「C四号作戦」と同時的に中支沿岸を対象とする「F一作戦」（浙東遮断）が行われた。

地上戦協力　昭和七年一月上海事変の勃発にあたって、上海特別陸戦隊が、わずか三〇〇〇の兵力をもって第十九路軍三万の攻撃を受け、特に二月三日から陸軍部隊到着までの三日間、敵の猛攻を支えて勇戦敢闘して上海を守り通したことは冒頭にも述べたとおり、部内外からの称讃を浴びた。

支那事変が勃発すると、上海及び青島方面の警備力増強のため、各鎮守府に設置された特別陸戦隊が逐次中国戦線に投入され、上海対峙《たいじ》戦、揚子江遡江作戦、ならびに厦門（第二連特〔横二特・呉三特・佐七特〕）、汕頭《すわとう》（佐九特）、南澳《なんおう》島（第二連特）、海南島（Z作戦。横四特・呉四特・佐八特、計二四五〇名）等の海軍部隊が主になって行われた要衝攻略作戦に活躍した〈注〉横二特とは横須賀鎮守府第二特別陸戦隊の意、その他之に準ず）。

遡江《そこう》作戦は、昭和十三年の揚子江遡江作戦に始まる。この作戦は、同年八月末開始された陸軍の漢口攻略戦に即応して、揚子江の水路を啓開し、揚子江の交通を確保するためのものである。

この作戦の主体は揚子江部隊で、作戦の開始に当たって支那方面艦隊が大本営から増援された部隊を含めて編成されたものであった。兵力は、第十一戦隊司令官近藤少将の率いる砲艦等一二隻、水雷艇八隻、掃海艇八隻及び特別陸戦隊（呉四特・呉五特）であった。遡江部隊は陸軍を搭載し六月七日南京を出撃し、安慶を経て七月二十六日九江等を占領した。ここで漢口攻略戦に転移し、十月二十六日遡江部隊は漢口港に入港した。

陸戦隊は右のほか掃蕩《そうとう》戦の主体となって活躍した。掃蕩戦は、沿岸要域に出没する敵を随時情勢に応じて行うもので、事変全期を通じて行われ、その回数は大小数千回に及んだ。

太平洋戦争開戦後の支那方面の海軍作戦は次位以下となり、兵力は縮小されるばかりで、大作戦の実施されることはなかった。もっとも大陸では、十九年雄大な大陸打通作戦が行われたが、中期以降は、在支米空軍が急速に増強され、中国沿海における米国潜水艦の動きも活発となり、海上交通保護に手を焼くようになった。二十年に入ると米軍の中国進攻に備えての邀撃準備に大わらわとなった。かくて終戦を迎えるが、中国戦線に関する限り、終戦まで日本軍は優位を保持できた。

対米邀撃戦略

帝国国防方針第三次改訂　明治初年日本はロシアを仮想敵国と想定したが、明治十五年朝鮮の変以後日清戦争までいちじ清国がこれに代わった。日露戦争後は再びロシアを仮想敵国とし、明治四十年四月制定された初度帝国国防針においてはこれが明記された。大正七年の同国防方針第一次改訂においても仮想敵国はそのままとされたが、同十二年一月の第二次改訂では米国がこれに代わった。
その後満州事変が勃発し、日ソ間の軍事情勢は再び緊張したが、いっぽう日本はワシントン条約の廃棄通告（昭和九年）を行ったことによって、昭和十一年末をもって軍縮無条約時代に入ることが明らかとなったので、統帥部は国防方針の改訂作業に入り、十一年六月第三次改訂の決定をみた。以後改訂は行われず、したがって太平洋戦争は、第三次改訂によって行われたことになる。次にその要点を紹介する。

帝国国防方針

第一　帝国国防ノ本義ハ建国以来ノ皇謨ニ基キ　常ニ大義ヲ本トシ　倍々《マスマス》国威ヲ顕彰シ国利民福ノ増進ヲ保障スルニ在リ

第二　帝国国防ノ方針ハ帝国国防ノ本義ニ基キ名実共ニ東亜ノ安定勢力タルヘキ国力殊ニ武備ヲ整ヘ　且外交之ニ適ヒ以テ国家ノ発展ヲ確保シ　一朝有事ニ際シテハ機先ヲ制シテ速ニ戦争ノ目的ヲ達成スルニ在リ

而シテ帝国ハ其ノ国情ニ鑑ミ勉メテ作戦初動ノ威力ヲ強大ナラシムルコト特ニ緊要ナリ　尚将来ノ戦争ハ長期ニ至ル虞大ナルモノアルヲ以テ之ニ堪フルノ覚悟ト準備トヲ必要トス

第三　帝国ノ国防ハ帝国国防ノ本義ニ鑑ミ我ト衝突ノ可能性大ニシテ且強大ナル国力殊ニ武備ヲ有スル　米国、露国（「ソヴィエト」聯邦ヲ示ス以下之ニ倣フ）ヲ目標トシ　併セテ支那（中華民国ヲ

示ス以下之ニ倣フ）英国ニ備フ

之カ為帝国ノ国防ニ要スル兵力ハ東亜大陸並西太平洋ヲ制シ　帝国国防ノ方針ニ基ク要求ヲ充足シ得ルモノナルヲ要ス　其標準別紙ノ如シ

国防方針の決定において最大の論点となったのは、仮想敵国の順位書きで、海軍では「露米ハ差当ナシ」との基本的な見解をとったのに対し、陸軍では順位を考えていたためであるが、けっきょく前掲の如くおちついた。

別紙　帝国国防ニ要スル兵力

陸　軍

一　戦争ノ初期ニ於ケル所要兵力ハ概ネ師団五十箇ヲ基幹トスルモノトス　而シテ其ノ特ニ最モ速ニ実現ヲ要スル主要事項次ノ如シ

(イ) 航空兵力ハ先ツ戦時概ネ百四十中隊ヲ整備ス　但シ将来更ニ飛躍的ニ拡充スルノ要アリ

(ロ) 在満兵力ハ高定員制師団少クモ六箇ヲ基幹トスルモノヲ平時ヨリ充実ス

(ハ) 常設師団ヲ二十箇トス

二　戦争ノ継続ニ伴フ所要ノ兵力ハ別ニ之ヲ整備ス

三　以上の兵力ハ将来情勢ニ応シ機宜改訂ヲ要スルモノトス

海　軍

一　外戦部隊ハ左ノ兵力ヲ基幹トシ之ニ適応スル補助兵力ヲ配ス
　主　力　艦　　一二隻
　航空母艦　　一〇隻
　巡　洋　艦　　二八隻
　水雷戦隊　　六隊（旗　艦　六隻　駆逐艦　九十六隻）
　潜水戦隊　　七隊（旗　艦　七隻　潜水艦　七十隻）
二　内戦部隊所要兵力ハ航空機及艦齢超過艦ヲ以テスルノ外必要ナル艦艇ヲ新造充実ス
三　外戦部隊ノ基幹兵力ニ充当スヘキ常備基地航空兵力ヲ六十五隊トス
四　外戦部隊ノ基幹兵力ニ充ツヘキ艦艇ハ主力艦艦齢二十六年迄、航空母艦及巡洋艦艦齢二十年迄、駆逐艦艦齢十六年迄、潜水艦艦齢十三年迄トス
　右艦齢ヲ経過シタル艦艇ハ代艦ヲ得テ所要期間之ヲ外戦部隊ノ補助兵力及内戦部隊ニ充ツ
五　以上ノ兵力ハ今後十ケ年ノ保有量ヲ目途トス　但シ将来情勢ニ応シ適宜改訂ヲ要スルモノトス
以上の兵力量決定の根底となった考え方は、「対米一国作戦において必勝の確算」を得ることを目途とするもので、その判断は米海軍が依然大艦巨砲主義を踏襲し、したがって主力艦を最重視し、次いで航空母艦の優勢保持に努むるであろうとの見方に立つ。

帝国軍ノ用兵綱領

第一　全般（略）

第二　露国ヲ敵トスル場合（略）

第三　米国ヲ敵トスル場合ニ於ケル作戦ハ左ノ要領ニ従フ

東洋ニ在ル敵ヲ撃破シ其ノ活動ノ根拠ヲ覆滅シ　且本国ヨリ来航スル敵艦隊ノ主力ヲ撃滅スルヲ以テ初期ノ目的トス

之カ為海軍ハ作戦初頭速ニ東洋ニ在ル敵艦隊ヲ撃滅シテ東洋方面ヲ制圧スルト共ニ陸軍ト協同シテ呂宋《ルソン》島及其ノ付近ノ要地並瓦無島ニ在ル敵ノ海軍根拠地ヲ攻略シ　敵艦隊ノ主力東洋方面ニ来航スルニ及ヒ機ヲ見テ之ヲ撃滅ス

陸軍ハ海軍ト協同シテ速ニ　呂宋《ルソン》島及其ノ付近ノ要地ヲ攻略シ　又海軍ト協力シテ瓦無《グアム》島ヲ占領ス

敵艦隊ノ主力ヲ撃滅シタル以後ニ於ケル陸海軍ノ作戦ハ臨機之ヲ策定ス

第四　以下略

以上の国防方針等について、天皇は十一年五月十三日閑院宮（参謀総長）、伏見宮（軍令部総長）、梨本宮の三元帥を招いて下問したが、これに対して伏見宮元帥は次のとおり奉答し、対米英戦に不安のない旨を明らかにした。

英米ニ於テハ主力艦ヲ始メ大ナル拡張ヲ致シマスガ我国之ニ一々応ジナクトモ質的制限ナキ将

来ニ於テハ帝国ノ伝統タル特長アル軍備ヲ以テ即、主力艦巨砲々装高速魚雷等特質ニ関シ慎重研究中デアリマシテ敵ノ現有兵力ガ之ニ応シ得サルコトトナルヲ以テ敵兵力ニ対シ過度ニ気ニ病ム必要ナシト認メマス

昭和十五年度作戦計画　日本陸海軍は、大正二年以来毎年四月一日から翌年三月三十一日までの間に、万一想定敵国と開戦となった場合の作戦計画を「年度作戦計画」として協議策定し、天皇の裁可を経て保持することになっていた。これは用兵綱領の最後に「帝国陸海両軍ハ本綱領ニ基キ毎年作戦ニ関スル計画ヲ策定シ、参謀総長、軍令部長互ニ協議シテ案ヲ具シ裁可ヲ奏請ス」との規定に基づくものであった。

それでは、伏見宮軍令部総長が天皇に対し「海軍は不安ありません」と奉答したときの具体的な作戦計画は、如何《いか》なるものであったろうか。それは「昭和十二年度帝国海軍作戦計画」によって裏付けられることになるが、ここではその三年後の「昭和十五年帝国海軍作戦計画」のうち、太平洋戦争との関連の深い「対数国作戦――対米英仏支戦」を戦史叢書『大本営海軍部・連合艦隊(1)』から引用して、要点を紹介することとする。

なお同戦史叢書によれば、太平洋戦争の作戦計画の土台となった昭和十六年度作戦計画は、現在行方不明となっており、昭和十五年度のものが入手し得る最後のものとされている。

第一段作戦

一、作戦初頭における兵力配備の基準
㈠南支那海ルソン島方面　第二艦隊及第三艦隊を基幹とする部隊
㈡香港及南支沿岸方面　第二遣支艦隊を基幹とする部隊
㈢南洋群島方面　第四艦隊を基幹とする部隊
㈣ハワイ及米国太平洋沿岸方面　第六艦隊を基幹とする部隊
㈤印度洋方面　連合艦隊の一部
㈥本邦東方海面　第五艦隊を基幹とする部隊
㈦本邦近海　連合艦隊主力
㈧揚子江及北支沿海方面　支那方面艦隊（第二遣支艦隊を除く）

二、第一段作戦方針
㈠開戦初頭速に在東洋の敵を撃滅して、東洋海面を制圧すると共に、陸軍と協同してルソン島及び其の附近諸要地並に香港を攻略し、仏領印度支那北部の要地を又為し得る限り仏領印度支那南部の要地を占領す
又開戦劈頭陸軍の協力を得てグアム島を占領す
爾後情況之を許すに至らば英領「ボルネオ」及英領馬来《マレイ》の要地を占領し、シンガポールを攻略す

(二)　敵艦隊就中米国主力艦隊の動静を偵知し、敵勢の減殺に努む、又主として印度洋方面における敵海上交通を破壊す

第二段作戦

一、第二段作戦における兵力配備

第一段作戦終了次第速に第二艦隊を基幹とする部隊を本邦近海に帰還させ、戦備の修復に当らせる外は、第一段作戦の兵力配備に準ず。

二、第二段作戦方針

各部隊は既定の作戦に任ずると共に連合艦隊主力の作戦に策応する。

連合艦隊主力は、敵艦隊の主力東洋方面に進出するを待ち、之を邀撃撃滅す。この場合努めて米英両国の艦隊を個々に撃滅す。

なお昭和十五年度帝国陸軍作戦計画によると、香港作戦に参加する陸軍兵力は第二十一軍の約一個師団、仏印作戦に参加する陸軍兵力は第十六軍の約二個師団、英領ボルネオ作戦に参加する陸軍兵力は約四個大隊、マレーとシンガポール作戦に参加する陸軍兵力は第十五軍の約二個師団基幹の兵力であった。

邀撃戦略　ところで、前掲中「連合艦隊主力ハ本邦近海ニ在リテ前記諸部隊ト呼応シテ敵主力艦隊ヲ東洋海面ニ邀撃《ようげき》撃滅ス」は具体的にいかなる構想に立っていたであろうか。

邀撃戦略とは、バルチック艦隊を日本海に邀撃撃滅した東郷戦略をそのまま対米戦に適用したもので、敵が太平洋の彼岸から来攻するという地理的条件に加え、日露戦争以後の攻撃武器の発達を加味して体系付けられた対米基本戦略である。

まず決戦予想海域を小笠原列島以西海域とし、会敵時の兵力を対等ならしめるべく極力敵の来攻途中における漸減につとめ、かつ勝敗の決を主力の砲戦におき、有利な戦術態勢の作為、自余の諸隊の策応を重視した。そのため特に強調された作戦は次のとおりである。

㈠　わが艦隊の邀撃配備、展開に必要な情報の早期入手のための、潜水部隊及び基地航空部隊による遠距離哨戒《しょうかい》並びに漁船による監視。

㈡　漸減作戦の担い手としての潜水部隊による敵来攻途上における好機攻撃、主力決戦に策応する夜戦部隊（巡洋艦戦隊及び水雷戦隊からなる）の夜戦特に水雷部隊の肉迫魚雷攻撃。

㈢　主力決戦に備えての航空機による敵空母の攻撃等、制空権の獲得作戦及び主力自体の砲戦指導、特に最大射程付近における先制砲撃。

開戦前日本海軍が、いわゆる月月火水木金金の猛訓練に寧日なかったというのは、このような作戦構想に立って、個別的・総合的訓練に没入していたことを言ったのである。

なおこの年度作戦計画において、邀撃決戦を第二段作戦におき、それに先立つ第一段作戦において南方要域の占領作戦を定めたことは「敵の有力艦隊を健在のままにして、陸軍の海上輸送作戦を実施することは甚しく危険である」という確立された戦史の教訓に悖るものであることを、ここで指摘しておきたい。

新軍備計画論　前二項に掲げた対米基本戦略は、日米艦隊決戦が成立し、これによって米艦隊を撃滅することができるとしている。これは先に述べたとおり三〇年前の日露戦争における日本海海戦の筋書きに従ったものである。しかしこれは一路ウラジオストクを目指して先を急ぐバルチック艦隊の邀撃と、広大無辺の太平洋を隔てて向かい合う米艦隊との戦いを類型化するという誤謬を犯しているばかりでなく、もはや過日の如き主力艦中心の艦隊決戦は生起し難くなっているという、海軍戦略の発展段階をわきまえない時代遅れの思想に固執したものである。

このことは当時すでに、主として航空部門の識者から個別的な指摘がなされていたが、昭和十六年七月、当時航空本部長であった井上成美中将（のち大将）は、より広汎な視点に立って総合的にまとめ「新軍備計画論」として及川海相に提出した。要点を高木惣吉著『私観太平洋戦争』から引用すれば次のとおりである。

㈠　航空機の発達した今日、これからの戦争では主力艦隊同士の間の決戦など絶対に起こらない。

㈡　巨額の金を食う戦艦など建艦する必要はない。敵の主力艦何ほどあろうと、十分な航空兵力があれば皆沈めることができる。

㈢　陸上航空基地は絶対に不沈の空母である。空母は運動力を有する故、使用上便利ではあるが極めて脆弱《ぜいじゃく》である。故に海軍航空兵力の主力は、基地航空兵力であるべきである。

㈣　対米戦においては、陸上基地は国防兵力の主力であり、太平洋に散在する島々は天与の宝で非常に大切なものである。

㈤　対米戦はこれらの基地争奪戦が必ず主作戦となることを断言する。換言すれば上陸作戦並びにその防衛戦が主作戦となる。

㈥　右の意味から基地の戦力の維持が何より大切なる故、何をさておいても基地の要塞化を急速に実施すべきである。

㈦　従ってまた基地航空兵力を整備充実すべきである。これがため戦艦、巡洋艦など犠牲にしてよろしい。

㈧　次に日本が生存しかつ戦い続けるためには、海上交通の確保は極めて大切であるから、これに要する海上護衛兵力は第二に充実する要がある。

㈨　潜水艦は基地防御にも通商保護にも攻撃にも使える艦種なる故、第三位に考えて充実すべきである。

右の意見は開戦後、実際に展示された戦局の推移を予言した卓見であったが、軍令部の容れるところとならなかった。

3　太平洋戦争と日本海軍の壊滅

開戦までの経緯

太平洋戦争は昭和十六年（一九四一）十二月八日の日本艦隊の真珠湾攻撃によって開始された。しかし戦争への軌道はすでにその四カ月前の七月三十日、日本が南部仏印に進駐したとき敷かれたのである。それは日本のこの行動に対し、米国が対日石油禁輸の挙に出たからである。しかも英国とオランダをこの措置に同調させた。石油輸入の道が絶たれたことは、日本の死命が制せられたと同然である。

満州事変以来、一途にその対立を深めてきた日米関係を通観するとき、米国のこの経済措置は決して突飛なものではなかったが、日本はかかる米国の強硬な対応を予想していなかった。そのため苦悩の中に戦争が議せられる。これに対し米国側は、日本の出方を見抜いた上での決断であった。したがって日本の開戦外交は本質的にはいなされる対米交渉となり、やがて十一月二十六日最後通告ともいうべきハル・ノートをつきつけられ、遂に日本政府は十二月一日開戦を決定した。そこで以下の叙述においては、南部仏印進駐までを日米対決の歴史の前史としてとらえることとする。

日米対決の前史　日露戦争において、日本に対し友情の限りを示し、また日本の官民から深く尊敬された米大統領とその国民は、日露戦争の終結と同時に態度を一変し、やがて反日へと転じた。

その発端は、戦後満州の門戸開放を予定し、鉄道王E・H・ハリマンの満州進出計画を中心に中国政策をすすめようとしたのが、日本政府の豹変《ひょうへん》にあって潰えたことであった。

以後米国は日本に対する警戒を強め、第一次世界大戦の戦後処理にあたっては、強大化した国力、強まった国際的発言力を背景にワシントン会議（一九二一年十月から翌年二月まで）を主宰して、九カ国条約と海軍軍縮条約を成立させた。前者のねらいは中国の領土保全、門戸開放であり、日本の大陸政策の掣肘《せいちゅう》にあった。その結果、日本の中国における権利を明確かつ固定化したいわゆる対華二十一条条約は骨抜きにされ、日英同盟は廃棄された。また後者についてはは既述のとおりわが主力艦保有量の対米英六割制限となった。これらはともに米国外交の明らかな勝利といえるのであるが、後者（軍縮条約）は日本海軍に対米敵意を沈潜させ、前者は関東軍を激発して満州事変をひき起こした。

満州事変は一年にして満州国の成立（一九三二年三月一日）をみたが、米国は国際連盟を動かして満州国否認の決議を行わせ、またスチムソン米国務長官は、日本の満州での行為が九カ国条約および不戦条約に違反するとして責任の追及を訴えた。日本は遂に国際連盟から脱退（一九三三年）し、両海軍軍縮会議からも相次いで離脱して完全な国際的孤立に立入った。

一九三七年（昭和十二）七月七日勃発した蘆溝橋事件は、柳条溝事件ほどには生起の事情は明らかでないが、中央が不拡大方針を貫き通すことのできなかったことは同じで、戦火は一月後には上海に飛び中国との全面戦争に拡大した。同年十月駐支ドイツ大使トラウトマンの和平工作もけっきょくは失敗に終わった。限りある兵力をもって戦うには余りにも広すぎる中国に、日本軍は武漢三鎮の占領（一九三八年十月）でもって積極作戦を打ち切らざるを得なくなった。

蔣介石との対決に行き詰まった日本政府は、三方向に転進を開始した。その第一は親日政権の樹立で、汪精衛《おうせいえい》をかつぎ出し、一九四〇年三月三十日汪政権（新国民政府）の樹立をみた。しかし同政権は遂に中国の民心を摑むことができなかった。いっぽう米国は汪政権否認の声明を行い蔣政権支援を一層強化した。他の一つは外国からする援蔣ルートの遮断で、これが北部仏印進駐であり、やがて南部仏印進駐に発展する。いま一つはドイツとの提携の強化、日独伊三国同盟の締結である。

まず三国同盟について概観するに、その締結は一九四〇年（昭和十五）九月二十七日である。三国同盟条約は六カ条からなる軍事同盟であり、特に注目されるのはソ連を条約対象外とし、かつドイツが日ソの国交調整を周旋するとしていることである。これは松岡外相がこの同盟にソ連を抱き込むことによって米国の参戦を阻止できると締結主旨を説明したことに通ずるが、そのドイツは一年後の六月二十二日対ソ戦を開始するのである。

同盟締結にいたるまでの経緯については外交史に譲ることとし、ここでは米内《よない》海相を中心とする反対論が、松岡外相の職権と陸軍における強い親独勢力によって押し切られたことを付記するにとどめたい。

米国において英国の危機が叫ばれ、援英の世論が台頭しつつあるとき、その米国民が挙げて不倶戴《ふぐたい》天《てん》の敵と憎むヒットラーと手を結んだことが、いかに米国にとって不愉快な仕打ちであるかは言うまでもない。駐日グルー米大使はこのことをその著『滞日十年』九月末日の日記の中で慨嘆し、「かくて二国間の戦争は避け難いものとなり」と結んでいる。

南部仏印進駐　南部仏印進駐についてはこれまでしばしばふれてきたが、ここにその実施の事情を明らかにしておきたい。このことについて、河野恒吉著『国史の最黒点後編』は、「(独ソ開戦に伴う)政府の態度を決するため、予は陸海両相とも懇談をとげ連続的に連絡会議を開き、最後に七月二日御前会議を奏請して、さしあたり、ソ連に対して行動を起こさないむねを決定したのである。この七月二日の御前会議では松岡外相が非常な積極論を唱え、また陸軍も満州に兵力を集中せんとしており、いつでも対ソ戦に乗り出すという情勢にあったので、これを抑えるのが主目的であった。その結果多少代償的な意味で南部仏印進駐を認めた次第である」と述べており、近衛手記にもほぼ同様なことが記されている。同手記ではさらに「日本としては当然このとき三国同盟を再検討し、御破算にすべきであった」と述懐している。

以上のことから、南部仏印進駐は、独ソ開戦という突発事態に当面した政府が、対ソ戦に参加すべきでなく、といってドイツと袂《たもと》を分かつわけにもゆかずとして選んだ、窮余の一策であったことが理解できる。

といって、南方に向かう素地がなかったわけではない。それは戦略物資の確保の必要上、また蘭印交渉の失敗に備える南方戦略展開の拠点として、かねて海軍が特に要望したところであり、陸軍も同調し、六月十一日には杉山参謀総長から連絡会議に提起されていたのである。しかもより重大なことは、一年前すでに北部仏印進駐が行われており、南部仏印進駐は政治的にはこれと同質で、軍事的にはその延長であるとの見方が当時のわが軍首脳の間に強く、それがまた米国の強硬な反発を予測することができなかった原因ともなるのである。

進駐の実施は昭和十六年（一九四一）七月三十日であった。幸い直前にヴィシー政府の承認が得られたので外交的には平和進駐ということになるが、実際は戦気をはらんだ作戦行動であった。

これに対し米国は、日本の南部仏印進駐の用意が完了したとの公式発表を知って、ただちに大統領命令をもって在米日本資産を凍結した（七月二十五日）。カナダは即日これにならい、英国はその翌日、蘭印はさらにその翌日同じ措置をとった。同時に極東陸軍司令部を新設し、マッカーサー大将がその司令官に任命された。また中国では米国軍事顧問団が設置された。次いで日本の南部仏印進駐を確認した上で八月一日、米国は対日石油輸出禁止を令するとともに英蘭両国を合流させた。

これらの措置は、前述の経緯からして米国の対日戦略路線上の当然の選択とみなければならないが、もちろん戦争の決意なくしてできるものではない。このことはルーズベルト大統領自身十分に承知のところであって、八月九日から米英首脳の大西洋上会談を行い、米英協力の強さとその決意を内外に明らかにし（八月十四日発表）、日本政府に警告した。

日米交渉　昭和十五年（一九四〇）一月二十六日、日米通商航海条約が失効し、さらに九月二十三日の北部仏印進駐及び九月二十七日の日独伊三国同盟の締結に対する米国の強い反発によって、両国関係は極度に険悪化した。松岡外相は元外相野村吉三郎海軍大将が、ルーズベルト大統領とも交友があり、かつ米国に知己が多いことから駐米大使に起用し局面打開に当たらせた。

野村大使は十六年二月十一日ワシントンに到着、以来大統領や国務長官との会談を重ね、やがて「日米諒解案」を作成するにいたった。同案はもともと日本の一民間人（井川忠雄）と米国の一神学校教師（ジェームス・M・ドラウト）の接触に始まり、さらに十六年四月には、ハル国務長官によって、以後の日米交渉の基本としたいとの意向のもとに日本政府の訓令を得るよう野村大使に申し出たもので、次の四つの基本的了解事項を主体とした。

(1)　両国及びあらゆる国民の領土保全および主権の尊重
(2)　他国の国内問題への不干渉原則の支持
(3)　通商上の機会均等を含む平和原則の支持
(4)　現状が平和的手段によって変更される場合を除き、太平洋の現状を攪乱しないこと

閣議では日本として容認できるものと認めたが、四月二十一日の陸海軍省及び大本営の部局長会議では、これが三国同盟と相容れないものであるとされた。さらに松岡外相は、米国案は悪意七分と決めつけて取り合おうとしなかった。次いで独ソ開戦によって日本外交は混乱し、対米顧慮は二の次と

なり、南部仏印進駐に踏み切ったのであった。

第三次近衛内閣は七月十八日成立、松岡は閣外に出され、対米関係の打開を最も重要な政治目標に掲げ、近衛首相は自らルーズベルトの巨頭会談の実現を念じて誠意を傾けた。しかし米国の反応は冷たかった。政府は事態の悪化に備え、九月六日の御前会議によって「帝国国策遂行要領」を決定し、「十月上旬ニ至ルモ我が要求ヲ貫徹シ得ル目途ナキ場合ニオイテハ直チニ対米（英蘭）戦ヲ決意ス」との決意を採択した。

十月二日、米国は首脳会談に関し「大統領と首相との会見は、米国が申し出た四原則の実施について見解が一致するまで延期の外ない」という要旨の正式回答を通告して、これを拒絶した。行き詰まった首相は主要閣僚と協議したが意見の調整できず、戦争には自信なしとして十月十六日内閣総辞職、代わって東條内閣が成立した。

東條内閣でも引き続き対米交渉が重視され、十一月五日の御前会議では再度「帝国国策要領」が採択され、武力発動の時機を十二月初頭と定める一方では、対米交渉のわが最後案となる甲乙二案を決定した。甲案は全面解決案であり、乙案は緊迫状態緩和のため、日本が南部仏印に進駐した軍隊を北部に移駐し、これに対し米側は資産凍結前の状態に復して石油の対日供給を約するという暫定案であった。

甲案は十一月七日野村大使からハル長官に提出されたが無視された。日本政府は野村大使を助けるため来栖《くるす》大使を派遣し、両大使は十一月二十日乙案をハル長官に手交した。これには国務省で対案が検討されたが、蔣介石の猛反対にあい、かつ米情報機関が日本船団の南下を報じたことでその対案は捨てられ、代わって二十六日午後野村・来栖両大使に対し、いわゆるハル・ノートが手交された。

ハル・ノートには、⑴ハル四原則の無条件承認、⑵仏印及び中国からの日本軍の全面撤兵、⑶汪政府及び満州国の否認、⑷三国同盟の死文化等がれいれいしく書き連ねられており、もはや日本の如何なる対米追随派の人々をもってしても、戦争に訴える以外途がないと観念せざるを得ない内容のものであった。もちろん、このことは米側もとくと含んだことであり、最後通牒となることを予想した。しかし米国は戦争を受けて立つ方針を堅持した。そのため開戦は日本が先に決定し、十二月八日の真珠湾攻撃となった。

開戦の決定　ハル・ノートに接した日本政府は、十二月一日開戦決定の御前会議を奏請し、「十一月五日決定ノ『帝国国策要領』ニ基ク対米交渉ハ遂ニ成立スルニ至ラズ、帝国ハ米英蘭ニ対シ開戦ス」の議題のもとに開催された。冒頭総理から御前会議奏請の理由説明が行われ、このままでは日本の存立自体が危殆《きたい》に陥ること、また作戦上これ以上時日の遷延は許されないこと等が強調され、代わって東郷外相が、交渉によってわが主張を貫徹することはほとんど不可能との見解を開陳した。さらに永野軍令部総長の所信披瀝が行われ、遂に開戦の聖断が下った。次いで翌十二月二日、武力発動を十二月八日とすることが裁可された。

ところで、日本は戦争にあたって如何なる見通しをもっていたのであろうか。それは九月六日の御前会議をはじめ以後の諸会議で論議を呼んだところであるが、これに対する軍令部総長の答えは終始「最初の二年間は確算があるが、それ以降は予断を許さない」というものであった。

十一月五日の御前会議では、東條首相はこれを受け「二年後における戦局の見通し不明なるにかかわらず開戦の決意に到達せし所以は、（中略）無為にして自滅に終わらんより、難局を打開して将来の光明を求めんと欲するものなり。二年間には南方の要域を確保し得べく、全力を尽くして努力せば将来戦勝の基はこれにより作為し得るを確信す」と述べて、この論に終止符を打った。

これによって明らかなことは、開戦時のわが指導者は、成算について希望は抱いても、合理的な裏付けは見出していなかったということである。

戦争準備

軍　備　対米戦に備えて鋭意海軍兵力の充実整備に努めてきたことは前章で明らかにしたが、その海軍兵力を開戦時点で米国と対比すれば次表のとおりで、空母において九四パーセント、総合比において七二・五パーセントに達したことは注目されなければならない。

（艦種）	（日　本）	（米　国）	（対米比率）

戦艦	一〇隻	三〇万一四〇〇トン	一七隻	五三万四三〇〇トン	〇・五六
空母	一〇	一五万三〇〇〇	八	一六万二六〇〇	〇・九四
甲巡	一八	一五万八八〇〇	一八	一七万一二〇〇	〇・九三
乙巡	二〇	九万八九〇〇	一九	一六万七八〇〇	〇・六二
駆逐艦	一一三	一七万五九〇〇	一七二	二〇万九五〇〇	〇・六九
潜水艦	六五	九万七九〇〇	一一一	一一万六六〇〇	〇・八四
〈合計〉	二三六	九八万五九〇〇	三四五	一三六万二〇〇〇	〇・七二五

また海軍航空兵力は、日本が艦載機七〇三機、基地航空機一四六九機、練習機九三二機で合計三一〇〇機。これに対し米国陸海軍の海上作戦可能の航空兵力は五五〇〇機で、うち対日正面充当の兵力は約二六〇〇機と推定され、ここにも大差はなかった。

将来の予想については、米国の造船能力は日本の三倍を超えており、開戦後その差は開き五～六倍となり、昭和十八年には対米五割内外、昭和十九年には対米三割以下に低下すると判断した。

また航空機については、日米の生産能力を次のごとく予想した。

昭和十七年度	日本	四〇〇〇機（海軍のみ）
	米国	四万七九〇〇機
昭和十八年度	日本	八〇〇〇機（　〃　）

昭和十九年度

米国	八万五〇〇〇機
日本	一万二〇〇〇機（　〃　）
米国	一〇万機

すなわち米国はおおむね日本の一〇倍となる。もっとも、日本においては海軍とほぼ同数の陸軍機を生産するが、当時陸軍航空兵力を海洋作戦に向けることは性能的にも、また訓練の面からもほとんど期待できなかった。

陸軍について略述すると、開戦時五一個師団、第一線航空機約一五〇〇機、師団配備は内地一〇、満州一三、中国二八個師団であった。

これに対し、予定作戦地域における米英蘭の陸軍兵力は合計約二〇数万、航空機合計約八五〇機と予想されたが、その主体は現地（植民地）人で、質的に劣ると判断された。

作戦計画　開戦に際しての作戦計画は、昭和十六年度作戦計画を基準とし、その後の研究成果を加え、かつ陸海軍協同を必要とする事項について協定を終え、最終的に昭和十六年十一月五日決定した。これを海軍作戦についてみると、前章に掲げた昭和十五年度作戦計画に対し、主要なものとして次の二点が修正されている。

その一は、陸軍においてシンガポールの早期攻略を優先すべしとの主張が生じ、比島先攻、次いで蘭印及びマレーに至ることを持論とする海軍との間に調整が行われた結果、比島・マレー同時進攻が合意された。

その二はハワイ作戦の採用である。この作戦は昭和十六年八月七日連合艦隊司令部の強い要求に始まり、十月十九日軍令部総長によって最終的に決裁された。

この作戦は、米艦隊主力を撃破して南方作戦の実行を確保する手段として計画し決行されたのであるが、山本司令長官は心底に、資源要域を攻略して長期戦に堪えるという国家の戦争計画を非現実的とし、ハワイ作戦をもって短期戦成立の条件を見出すための主作戦と考えていたが、その意図の展開は不徹底に終わった。なお作戦計画（「対米英蘭戦争帝国作戦計画」）の要点は次のとおりである。

一、作戦方針　従前（「帝国国防方針・帝国軍ノ用兵綱領」）のとおり

二、第一段作戦

㈠　開戦劈頭、第一航空艦隊（空母六隻基幹）をもって、ハワイ在泊中の米主力艦隊を空襲させる。

㈡　同時に第十一航空艦隊（基地航空部隊）をもって、陸軍と協同して比島およびマレーに対する先制空襲、引き続き同方面の航空作戦に任ぜしめる。

㈢　第二艦隊は比島海域の作戦を通じ、東亜海面の制海権を確立し、陸軍の海上輸送を安全ならしめる。

㈣　第三艦隊は比島および続く南方地域攻略兵団の輸送護衛および上陸掩護に、また南遣艦隊はマレー攻略兵団への協力に任ぜしめる。

㈤　香港攻略には第二遣支艦隊、グアム・ウェークおよびラバウルの攻略には第四艦隊を協力又は実施に任ぜしめる。

㈥　第六艦隊（潜水部隊）はハワイ作戦への協力、引き続き敵勢の減殺に任ぜしめる。

㈦　第一段作戦中、もし米国主力艦隊が来攻せば、第三艦隊および南遣艦隊を除く連合艦隊の大部を挙げて邀撃撃滅する。

第二段作戦については、現実性の乏しいものとなったので省略する。なお陸軍の作戦計画においては、南方作戦が主体となり、そのため次表のごとき兵力使用が定められた。

南方軍
- 第十四軍　二個師団を基幹とし比島方面に作戦す
- 第十五軍　二個師団を基幹としタイおよびビルマ方面に作戦す
- 第十六軍　三個師団（内二個師団は他の作戦終了後転用）を基幹とし蘭印方面に作戦す
- 第二十五軍　四個師団を基幹とし馬来《マレイ》方面に作戦す
- 南方軍直轄　師団混成旅団各一個、飛行集団二個を基幹とす

第二十三軍（支那派遣軍隷下）　一個師団（基幹）をもって香港方面に作戦す

南海支隊（大本営直轄）　歩兵三個大隊を基幹としグアム・ビスマルク諸島等に作戦す

戦争指導機構　戦争の指導については、基本的には日露戦争当時と大きく変わっていないが、改めて太平洋戦争について概観することにする。

明治憲法のもとでは、戦争指導は統帥と国務の両分野において行われた。前者を所掌するのが大本営であり、後者は各国務大臣が分掌し、かつその全員をもって組織された内閣もこれに当たった。前者は大本営陸軍部と同海軍部から成り、参謀総長と軍令部総長がそれぞれの長となった（昭和十二年制定の大本営令による）。両総長は併立で、両者を統合運営する上部機構はなかった。これに対し、内閣にはその首班としての内閣総理大臣が官制上定められていた。

ところでここに統帥分野とは、憲法（帝国憲法）第十一条（天皇ハ陸海軍ヲ統帥ス）、第十二条（天皇ハ陸海軍ノ編制及常備兵額ヲ定ム）を対象とする。そこで、この中に含まれる軍政事項を処理するため、陸海軍大臣は、必要な人員を従えて大本営の一員となった。

しかし本来の国務と統帥とは並立関係にあり、したがって国家として総合調整する要のあることから、昭和十二年十一月大本営政府連絡会議が設置された。連絡会議における重要事項は天皇に上奏して裁可を仰ぐこととし、その上奏には、内閣総理大臣と陸海軍両統帥部長が列立して行うのがしばしばであった。昭和十九年七月、連絡会議は最高指導会議と改称された。

連絡会議の中で特に重要な国策を議するときは、天皇の御前で行われた。これを御前会議と称した。御前会議は天皇主宰の会議ではない。

以上で明らかなように、太平洋戦争における戦争指導については、大本営陸海軍部で研究立案し、連絡会議または御前会議で決定された。

次に海軍部内についてみると、海軍大臣は海軍軍政を管理し、海軍軍人・軍属を統督し所轄諸部を監督すると規定（海軍省官制）されており、軍令部については軍令部令によって次のとおり定められた。

第一条　軍令部は国防用兵を掌る所とす

第二条　総長は天皇に直隷し帷幄の機務に参画し軍令部を統轄す

第三条　総長は国防用兵の計画を掌り用兵のことを得達す

これによって作戦指導はもっぱら軍令部の所掌となり、作戦部隊たる連合艦隊およびその他の部隊は軍令部の指導を受けることになる。この場合、軍令部総長の令達する奉勅命令たる「大海令」と、この命令中「細項に関しては軍令部総長をして指示せしむ」の条項に基づき、軍令部総長が指示した「大海指」の二途が用いられた。ちなみに大海令第一号は、昭和十六年十一月五日令達された作戦準備に関するものであり、戦争全期を通じ、大海令が五七通、大海指が五三九通令達された。

作戦準備　昭和十六年十一月五日、作戦準備に関する次の大海令第一号が発せられた。

山本連合艦隊司令長官に命令

一、帝国は自存自衛の為米国、英国及蘭国に対し開戦の已むなきに立至る虞大なるに鑑み、十二月上旬を期し諸般の作戦準備を完整するに決す

二、連合艦隊司令長官は所要の作戦準備を実施すべし

三、細項に関して軍令部総長をして指示せしむ

（奉勅　軍令部総長　永野修身）

これを受けて同日軍令部総長名の大海指第一号が発せられたが、その第一項は次のとおりである（第二〜第七項は省略）。

連合艦隊は十二月上旬米国・英国及蘭国と開戦の已むなき場合に備へ適時所要の部隊を作戦開始前の準備地点に進出せしむべし

大海令第一号ならびに大海指第一号を受けた連合艦隊は、「機密連合艦隊命令作第一号」（開戦準備を令するとともに、同じく命令作第二号として第一開戦配備、Y日（開戦概定期日）十二月八日と発令した。これによって連合艦隊は命令作第一号別冊による兵力部署（作戦のための部隊区分《軍隊区分という》）と各部隊の主要任務）とするとともに、各部隊は不慮の会敵を警戒しながら、適時作戦開始前の待機点に進出して待機することになる。その兵力部署の概要は次のとおりである（部隊名・指揮官・主要兵力・主要任務の順）。

主力部隊　連合艦隊司令長官　低速戦艦六隻基幹　全作戦支援、機動部隊収容

機動部隊　第一航空艦隊司令長官　主力空母六隻、高速戦艦二隻基幹　ハワイ奇襲

先遣部隊　第六艦隊司令長官　第六艦隊（主力潜水艦三〇隻基幹）　ハワイ方面米艦隊監視攻撃、機動部隊の作戦に協力（機動部隊指揮官の一時作戦指揮下）

南洋部隊　第四艦隊司令長官　第四艦隊基幹　南洋方面の警戒、グアム、ウェーク攻略

南方部隊　第二艦隊司令長官　南方要域攻略

主隊　第二艦隊司令長官　高速戦艦二隻　重巡二隻基幹　南方作戦支援

航空部隊　第十一航空艦隊司令長官　基地航空戦隊二隊弱基幹　比島方面航空撃滅戦

菲島部隊　第三艦隊司令長官　第三艦隊、重巡五隻、空母一隻基幹　比島進攻

馬来部隊　南遣艦隊司令長官　南遣艦隊、重巡五隻、基地航空戦隊一隊余、潜水艦一二隻基幹　マレー、タイ、ボルネオ進攻

潜水部隊　第六潜水戦隊司令官　潜水艦二隻基幹　比島方面潜水艦作戦

北方部隊　第五艦隊司令長官　第五艦隊基幹　北方海域警戒、移動部隊の航路警戒、引き揚げ援護

通商破壊隊　第二十四戦隊司令官　特設巡洋艦二隻　南太平洋海上交通破壊

なお開戦時の海軍部隊の固有編制は次表のとおりであった。

- 鎮守府及び警備府
  - 横須賀鎮守府（平田　昇中将）
  - 呉　〃（豊田　副武中将）
  - 佐世保　〃（谷本馬太郎中将）
  - 舞鶴　〃（小林宗之助中将）
  - 大阪警備府（小林　仁中将）

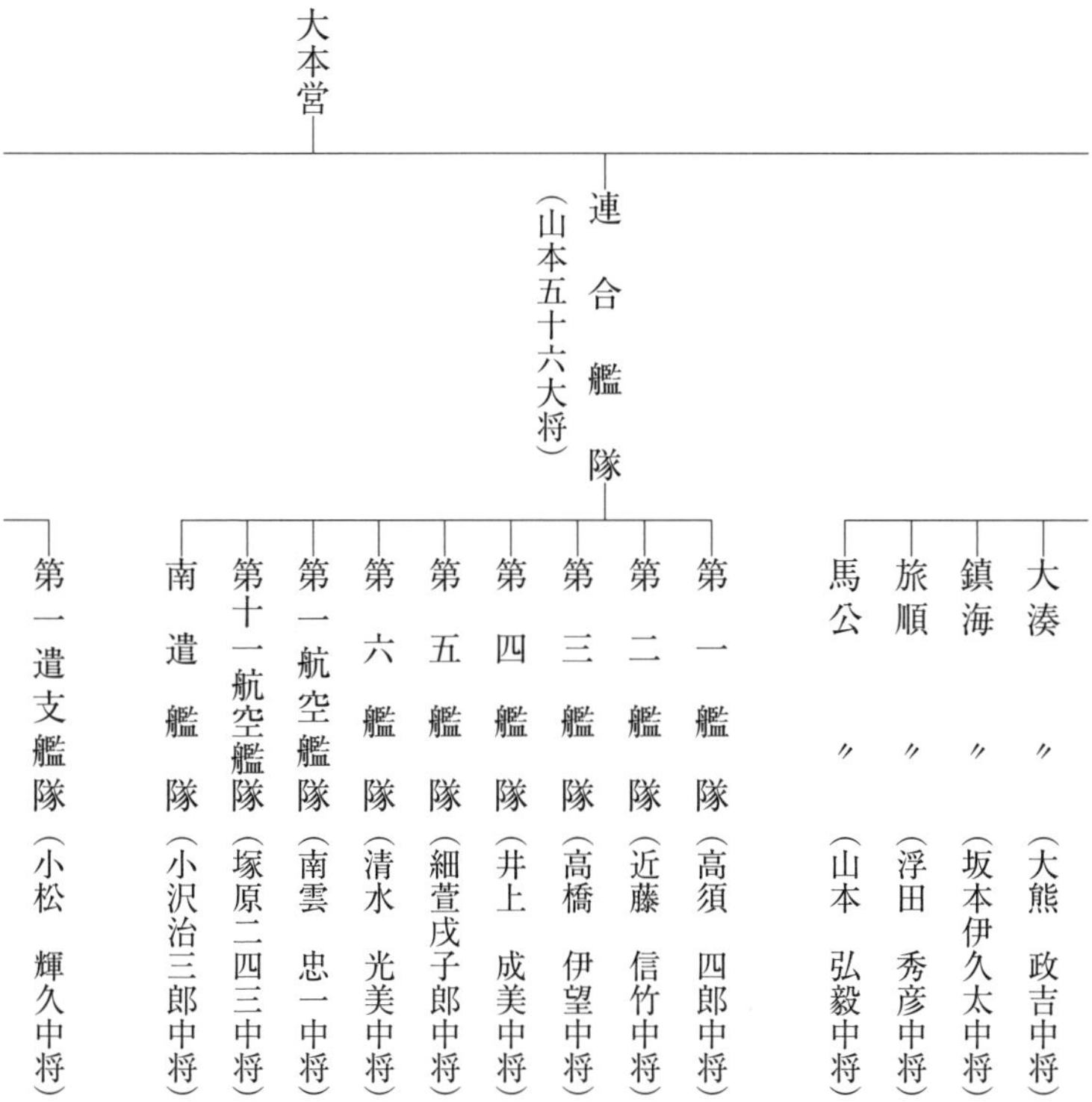
大本営
連合艦隊
（山本五十六大将）
大湊〃（大熊政吉中将）
鎮海〃（坂本伊久太中将）
旅順〃（浮田秀彦中将）
馬公〃（山本弘毅中将）
第一艦隊（高須四郎中将）
第二艦隊（近藤信竹中将）
第三艦隊（高橋伊望中将）
第四艦隊（井上成美中将）
第五艦隊（細萱戊子郎中将）
第六艦隊（清水光美中将）
第一航空艦隊（南雲忠一中将）
第十一航空艦隊（塚原二四三中将）
南遣艦隊（小沢治三郎中将）
第一遣支艦隊（小松輝久中将）

支那方面艦隊（古賀　峯一大将）
- 第二　〃　（新見　政一中将）
- 第三　〃　（杉山　六蔵中将）
- 海南警備府（砂川　兼雄中将）

第一段作戦

ハワイ作戦　ハワイ作戦が決定するまでの経緯等についてはすでに述べたが、その作戦目的を再述すれば「開戦劈頭、米艦隊主力を撃破して南方作戦の実行を確保する」にあった。機動部隊の編制は前掲のとおりである。また潜水部隊の協力については、第二潜水隊（潜水艦三）が機動部隊哨戒隊として、また先遣部隊（第一・二・三潜水戦隊）は、機動部隊のハワイ空襲終了後三日（実際は二日となった）まで機動部隊指揮官の指揮を受けることに定められた。

ところでハワイ作戦の困難性は、第一は行動の秘匿にあり、第二は魚雷攻撃にあった。後者について敷衍《ふえん》すると、真珠湾のような浅くかつ狭隘《きょうあい》な海面において、航空機から魚雷を発射することは、日本海軍が取り組むまでほとんど不可能と見られており、もちろん前例もなかった。したがって山本長官がハワイ作戦を提議した裏にはその見通しがついたことが挙げられるが、これには用兵（雷撃隊長以下）及び技術（航空技術廠、航空本部、長崎三菱兵器製作所）関係者の懸命な努力があったことを特記しておきたい。

機動部隊は十一月二十一日択捉島《えとろふ》単冠《ひとかっぷ》湾に進出、同二十六日同湾を出撃した。その間二十三日、攻撃計画に関する命令作〈注〉作戦関係の命令を示す呼称）第一号を示達した。その中で特にここに記述しておきたいことは、空襲第一撃をX日〈注〉開戦日）〇三三〇〈注〉現地時午前八時）と予定したこと、空襲が終われば機動部隊は速かに敵より離脱して内地に帰ること、先遣部隊は空襲による敵の脱出に備えること、などである。

また行動については、長途の秘匿に万全を期して北方航路をとり、X―一日〇七〇〇頃から高速南下（おおむね二四ノット）を開始し、X日〇一〇〇敵泊地の北二三〇マイル付近に進出し、全飛行機を発進するというものである。

単冠《ひとかっぷ》湾を出港した機動部隊は、十二月二日X日を十二月八日と決定した旨の連合艦隊司令長官からの電報「新高山登レ一二〇八」を受領、途中米軍に発見されることもなく予定通り行動した。

八日〇一三〇第一次攻撃隊一八三機（水平爆撃隊四九機、雷撃隊四〇機、急降下爆撃隊五一機、制空隊四三機）を発進、次いで〇二四五第二次攻撃隊一六七機（水平爆撃隊五四機、急降下爆撃隊七八機、制空隊三五機）を発進させた。第一次攻撃隊指揮官淵田中佐は、〇三一〇突撃を下令、一二分後に奇襲成功を報じた。第一次攻撃隊が戦闘を終えて去るのと入れちがいに、第二次攻撃隊が進入した。第二次攻撃隊指揮官嶋崎重和少佐は〇四二五突撃を令した。機動部隊は真珠湾の北方一九〇マイルまで南下し、〇四〇五反転攻撃隊を収容した。

この攻撃による戦果は、撃沈戦艦四、大破戦艦一、中破戦艦三、巡洋艦以下一二、航空機撃破二三一機、死傷三七一四名にのぼった。したがって米太平洋艦隊は戦艦八隻をすべて失って壊滅した。これはさきに述べた二つの困難が克服され、かつ爆撃隊がその熟達した技倆を存分に発揮したことによる。ただ空母二隻は、ともに航海中で、わが攻撃から免れた。

これに対しわが損害は航空機のみ、第一次九機、第二次二〇機計二九機を失った。

別動したミッドウェー破壊隊は、ハワイでの戦闘開始の通報を受けて増速し、日没直後同島の至近距離に迫って砲撃を行い、燃料タンク兵舎等を炎上させ、ぶじ内地に帰投した。

先遣部隊は特殊潜航艇五隻による特別攻撃をはじめ、機動部隊の作戦に協力するため、機動部隊に先立ってハワイ群島の周辺に進出し、監視・攻撃・偵察の任についた。

特殊潜航艇五隻は予定通り、空襲当日の未明真珠湾内に進入したが、全艇帰還せず、以後の行動や成果は空襲による大混乱にまぎれて確認されてない。しかし生還の可能性のないこの作戦に殉じた岩佐大尉をはじめとし、古野・横山の両中尉、広尾・酒巻の両少尉、佐々木・横山・上田・片山・稲垣の各兵曹の至純な行為は、開戦劈頭の全軍将士を感奮せずにおかなかった。ハワイ作戦の成功は、西太平洋の制海権をわが手に帰させた。その結果、南方作戦は後顧の憂いなく極めて順調に進捗《しんちょく》した。

この大奇襲作戦は、戦史の上では、第二次ポエニ戦争（紀元前二一八年）の開戦劈頭、ハンニバルが行ったアルプス超え以来のものと高く評価できる。しかしハンニバルは引き続き敵国深く殺到したが、日本軍はあとを忘れたかの如く顧みず、せっかくの大戦果もそれだけに終わらせた。そのため空襲を免れたハワイ軍港の修理施設や重油タンクは、半年後のミッドウェー作戦に際して、米空母の急速集結ならびに展開を可能にした。また米海軍は日本の戦法に学んで、航空主兵の戦略体系へ転換して、やがてその面で日本を圧倒するのである。加えるに米政府は日本軍のハワイ攻撃を騙《だま》し討ちと宣伝して、米国民の戦意をいやが上にも燃え上がらせていった。

マレー沖海戦　マレー沖海戦は、わが第二十五軍がマレー上陸作戦を開始した直後、英東方艦隊主力がこれを阻止しようと出撃してきたために生起した。敵の兵力は戦艦二、駆逐艦四で、わが海軍中型攻撃機部隊によって、戦艦二隻とも撃沈されて壊滅した。ハワイ作戦に続く大勝利によって、西太平洋の全般的ならびにマレー海域の制海権は完全にわが手に帰し、マレー攻略をはじめ、第一段作戦は後顧の憂いなく展開されてゆくのである。ところで英戦艦二隻は、最新鋭防空戦艦プリンス・オブ・ウエールズと高速戦艦レパルスで、ともに極東情勢の急迫に備え、開戦直前の十二月二日司令長官フィリップ大将に率いられて本国からシンガポールに進出したばかりであった。なお回航の途中、同行の空母インドミタブルは事故を起こし本国へ引き返した。

フィリップ提督は十二月八日朝、日本軍のマレー半島上陸の報を得て、旗艦プリンス・オブ・ウエールズに坐乗し、前記兵力を率いて、シンゴラ方面の日本船団攻撃を主目的に、八日夕刻シンガポールを出撃して北上した。しかし航空機の援助を得る見込みがつかないため、九日二〇時すぎクワンタンに向けて変針、翌十日八時クワンタン沖に到着した。予想した日本の船団は所在せず、かつ日本の航空機が近辺を行動していることを知り、すべてを断念して、速力二五ノットで一路南下した。間もなく、日本航空部隊に捕捉され、十一時すぎからその攻撃にさらされたのである。

いっぽう日本軍の敵発見は、九日十五時一五分警戒配備にあったイ六五潜（イ号第六五潜水艦）による。このとき同方面にはわが南方部隊及び馬来《マレー》部隊が配置されていたが、イ六五潜から一五一五発信された「敵レパルス型戦艦二隻見ユ……」の発見第一報は、一七時すぎ全軍に伝わった。上陸地点の輸送船は北方タイランド湾へ避退を開始し、全艦隊は色めき立った。一七三〇馬来部隊指揮官は夜戦を下令したが、間もなく南方部隊指揮官が直接指揮に乗り出し、翌十日天明を待って航空部隊の全力攻撃、これに策応する水上部隊の決戦を下令した。しかし十日午前五時彼我の距離が二〇〇マイルと推定されたため、距離が遠く水上部隊の追撃は取り止められた。

こうしてすべては航空部隊と潜水部隊に託された。その航空部隊は、第二二航空戦隊の主力と第二三航空戦隊の一部からなる第一航空部隊（基地航空部隊）と、水上機部隊の第一二航空戦隊で構成した第二航空部隊からなり、馬来部隊に属していた。第一航空部隊は、九日夜小沢部隊の夜戦に策応すべく攻撃を決意したが、天候不良のため打ち切った。

翌早朝、両航空部隊は索敵機を出発させたところ、たまたまその一機（帆足機）が敵を発見、一一四五電報を発した。これによって第一航空部隊は全力を挙げて攻撃にかかった。五〇機の雷撃機、二五機の爆撃機、九機の偵察機総計八四機の攻撃部隊は、十二時四五分から逐次現場に到着、相次いで爆撃、雷撃を強行した。これによってレパルスは一四時三分、プリンス・オブ・ウエールズは一四時五〇分沈没した。

この海戦は、わがマレー攻略作戦最大の危機を救ったものとしてその意義は大きい。事実、第二次以降第五次にいたる海上輸送は間もなく成功し、これによって陸上戦闘は決河の勢で進捗し、二月十五日シンガポールの陥落をみるのである。また戦術的には、当時各国海軍における論争の一焦点となっていた戦艦対航空機の優劣論に対し、航空機の絶対優越を実証したことにおいて、世界史的な意義をもつのである。

しかしその裏には、戦前すでに多数機による戦艦戦隊に対する雷爆同時攻撃の訓練を反覆して高い練度に達していたことを見逃すことはできない。また、索敵機搭乗の帆足正音予備少尉が敵発見後これに触接を続け、正確な敵情報告を行って、味方攻撃隊を誘導したことも作戦成功に連る重要な要因である。さらに、最初に敵を発見したイ六五潜において、潜望鏡に映じた不鮮明な艦影を、一隻はレパルス型戦艦、他の一隻は新式戦艦と看破してただちに処置した、第三十潜水隊司令寺岡正雄大佐の眼識はさすがと思わせるものがある。

他方わが水上部隊が、その数に圧倒的優勢を保持しながら、決戦の機会をつかまなかったことは、砲戦力においてプリンス・オブ・ウエールズに対抗できないとの判断がその根底にあったとみるべきであり、水上決戦が容易に成立しなくなった海戦略の一傾向を物語っている。

スラバヤ沖海戦と第一段作戦の終了　マレー方面と同時に着手した比島作戦は、わが陸海航空部隊による航空撃滅戦が奏功し、攻略部隊の先遣隊は十日比島北部のアパリならびにピガンに上陸、主力は二十二日リンガエン湾に上陸を開始し、以後破竹の勢をもって進撃し、翌十七年一月二日早くもマニラを占領した。以後所在米陸軍はパターン半島に立ち籠るが、在比米アジア艦隊は、開戦前から比島南部に移り、開戦後、その大部はジャワ方面に退却してオランダ軍と合流した。

第一段作戦の終局の目的を蘭印攻略におくわが陸軍は、マレーの攻略に続いて二月十六日スマトラ島のパレンバンを占領、比島の攻略に続いてダバオ、ホロ、次いでボルネオのミリ、クチン方面へ進出し、いずれも基地を整備して制空権の範囲を南方に広げ、一月中下旬にかけてボルネオ東岸のタラカン、バリックパパンとセレベスの要衝メナドその他を占領した。

かくて第十六軍のジャワ上陸が開始される。主力は二月十八日カムラン湾を、東部ジャワ上陸部隊は二月十九日ホロを、それぞれ出撃して南下した。上陸は予定より二日延期され、二月二十八日と決定した。東西両上陸部隊は二月二十六日ジャワ海に入った。これに対し、スラバヤに集結していたオランダ海軍をはじめ、米英豪連合海軍部隊はこれが阻止に出撃し、ここに太平洋戦争では珍しい水上艦隊同士の遭遇戦が展開された。これがスラバヤ沖海戦である。

連合軍の兵力は重巡二、軽巡三、駆逐艦一〇で、オランダ海軍のドールマン少将が指揮した。これに対しわが方は第五戦隊及び第二第四水雷戦隊基幹の重巡二、軽巡二、駆逐艦一四で高木武雄少将（第五戦隊司令官）が率いた。

「敵巡洋艦五隻駆逐艦六隻……」の敵情に関する航空機からの電報を水上部隊が受けたのは正午前で、その位置は船団の南方約六〇マイル、第五戦隊からは一二〇マイルの距離にあった。各隊は集結を図りつつ敵に向かったが、先頭を行く第二水雷戦隊が敵を視認したのは一六五九で、高木司令官が展開を令したのは一七三八、一七四五両軍砲戦を交えた。巡洋艦において敵が優勢とみる高木司令官は近迫を避け、遠距離同航戦で一時間余をすごした。この間、第四水雷戦隊が距離一万五〇〇〇付近で二七本の魚雷を発射したが、自爆が多くほとんど命中しなかった。

高木司令官は夜戦における魚雷戦に期待をかけていたが、わが船団に近づきすぎたため一八時三七分「全軍突撃」を下令した。これによって敵駆逐艦二隻が沈没、巡洋艦一隻が落伍し敵陣列に混乱を生じた。しかし高木司令官はこの情勢を看破できず、これ以上の南下は敵の機雷敷設海面に入るおそれがあるとして、二〇時五分集結を令し、北に避退した。

いっぽうドールマン少将は被害にひるまず、三隻の巡洋艦と六隻の駆逐艦を率い、再び日本船団を求めて北上した。両部隊は二一時前後接触、砲雷戦を行ったが、互いに見失ってしまった。これはドールマン部隊が南下避退したためであったが、やがて三度北上し、〇時四四分両軍は互いに照明弾射撃に入り、次いで同五五分第五戦隊が発射した魚雷（那智八本、羽黒四本）によって、敵旗艦デ・ロイテルおよび巡洋艦一隻が撃沈された。

翌二十八日七時三〇分、蘭印部隊主隊（高橋第三艦隊長官の直率する足柄・妙高）が合同し、残存敵艦の掃討に当たった。敵艦のうち、いったんスラバヤに遁入した後脱出を企てた巡洋艦一、駆逐艦二は、三月一日蘭印部隊主隊によって撃沈された。

他の巡洋艦二及び駆逐艦一は西方に遁れ、二十八日正午すぎバタビヤに入港、同夕刻出港して、パンタム湾に上陸準備中の日本輸送船団に殴り込みをかけ、輸送船一隻を沈め、数隻を大破させたが、護衛の日本艦隊によって撃沈された。これがバタビヤ沖海戦である。これら両海戦を通じ、中途でパリ海峡から脱出した米駆逐艦四隻以外はことごとく撃沈され、蘭印海域の制海権は完全にわが手に帰した。

しかしここで特筆したいことは、日本軍の戦果は、敵将ドールマン少将がその劣勢を承知しながら、敢えて三度わが船団を求めて来襲したことによってもたらされたことであり、その任務に徹した勇気は、旗艦名となったオランダの一七世紀の名提督デ・ロイテルを偲ばせるものがある。

第十六軍の諸隊は二十八日ジャワ島の東西三地点から上陸し、三月五日バタビヤ、七日にはスラバヤをそれぞれ占領し、九日には蘭印軍が降伏し、ここにジャワ作戦を終えると同時に、南方要域の占領という第一段作戦目的を達成した。この間太平洋方面では、陸軍の南海支隊によりグアム島を、海軍部隊によりウエーク島を、また陸海協同でニューブリテン島をそれぞれ占領し、またビルマ戦線では、三月八日第十五軍がラングーンを占領した。

攻勢作戦

第二段作戦への転移　十七年三月蘭印攻略を終わった時点で、陸海軍の間で第二段作戦についての調整は終わっていなかった。もっとも、戦前の総合作戦計画は蘭印作戦までで、それ以後については第一段作戦の経過に応じて定めることになっていた。

海軍はハワイ作戦の成功をはじめ、緒戦の大戦果に立って、積極作戦による短期決戦を主張し、ハワイ攻略、豪州攻略及びセイロン島攻略を含む太平洋・印度洋決戦を検討し始めた。

これに対し、陸軍は、それは戦争指導の根本まで揺るがすもので、陸軍攻勢の限界を超えるとして正面から反対し、あくまでも長期自給不敗態勢の確立を固持して譲らなかった。

陸海軍の論争は尽きなかったが、現実の作戦の進捗に迫られ、三月七日の連絡会議で不徹底な妥協案に落ちついた。それが「今後とるべき戦争指導の大綱」であり、そのうち主要な諸項を挙げると次のとおりである。

一、イギリスを屈伏させ、アメリカの戦意を喪失させるため、引き続き既得の戦果を拡充して、長期不敗の戦略態勢を整えつつ機を見て積極的な方策を講ずる。

二、占領地域及び主要交通線を確保して、国防重要資源の開発利用を促進し、自給自足態勢の確立及び国家戦力の増強につとめる。

三、一層積極的な戦争指導の具体的方途は、わが国力、作戦の推移、独ソ戦況、米ソ関係の動向等諸情勢を勘案してこれを定める。

この内容ははなはだ曖昧なため、陸海軍はそれぞれ都合のよい解釈をとり、陸軍はその信ずる防勢持久作戦に転換し、南方軍は小規模作戦に必要な兵力だけ残し、他の師団を内地満州及び中国に引き揚げることを決定した。海軍は依然として積極攻勢作戦を堅持したものの、陸軍の反対によって修正を余儀なくされ、ハワイ・豪州案を取り下げ、フィジー、サモア、ニューカレドニアの攻略に転換した。

この間にあってポートモレスビーの攻略だけは奇妙にも十七年一月には陸海軍で合意に達し、同四月には陸海軍作成協定ができ、MO作戦として命令が出された。次いで五月、「ニューカレドニヤ」「フィジー」諸島及び「サモア」諸島攻略作戦（F・S作戦）が決定した。

ところが山本連合艦隊司令長官は、F・S作戦には消極的で、これに先立ってミッドウェー作戦を実施するよう要請し、強引にスケジュールの中に組みこませ、アリューシャン作戦を加えて六月上旬実施のことに決定した。これによってF・S作戦は七月にずらされることになった。

山本長官がこの時機にミッドウェー作戦を提案した最大のねらいは、米空母を積極作戦によって誘い出し捕捉撃滅することにあったが、今一つは第二段作戦への転移がもたもたとし、かつ連合艦隊が第二段作戦頭初に予定していたセイロン島攻略が取りやめられたことによる戦勢の停滞を避けることにあった。また同長官がF・S作戦に乗り気でなかったのは、何よりも作戦地域が遠すぎることにあった。

珊瑚海海戦　珊瑚海海戦は、日本軍のポートモレスビー攻略作戦（MO作戦）の実施を海上（珊瑚《さんご》海《かい》）で阻止する挙に出た連合軍海軍部隊との間に生起した。

陸軍南海支隊を搭載した船団は、第六戦隊（重巡四）及び改装空母祥鳳《しょうほう》を基幹とする水上部隊に直接護衛され、五月四日ラバウルを出撃した。これがMO攻略部隊で、第六戦隊司令官が指揮をとった。

別に第五航空戦隊（翔鶴《しょうかく》・瑞鶴《ずいかく》）及び第五戦隊（重巡二）を基幹とするMO機動部隊が編成され、五月一日トラックを出撃して、ソロモン諸島の東側を通って五月六日珊瑚海に入り、攻略部隊の支援配備についた。指揮官は第五戦隊司令官である。

いっぽう連合軍は、日本軍の暗号解読によってこの作戦を予察し、急いで兵力を集め、五月一日空母二が珊瑚海に入った。

しかし両軍が相手の存在を知ったのは七日で、連合軍は攻略部隊を、機動部隊は敵油槽船を攻撃し、日本軍は祥鳳を撃沈され、敵は油槽船一と随伴駆逐艦一が撃沈された。

翌朝MO機動部隊は七機の索敵機を発進させたが、そのうちの菅野機（偵察員菅野兵曹長、操縦員後藤一飛曹、電信員岸田二等飛曹）が敵を発見、その発見報告によって七時すぎ合計六九機の攻撃隊がその目標に向かった。同機を指揮した菅野兼蔵機長は「攻撃隊が敵を逸しては」との配慮から、引き続き触接して適切な敵情報告を行い、燃料ぎりぎりで帰途についたが、途中味方の攻撃隊に出合うや、決然と反転し、その先頭に立って誘導した。その効あって攻撃隊は攻撃に成功し、空母二隻のうちレキシントンを炎上させ、ヨークタウンに命中弾を与えた。レキシントンは後に艦内爆発を誘発し、遂に珊瑚海の藻屑と消えた。なお菅野機は燃料尽きて自爆した。

いっぽう敵も同時的に日本軍を発見し、合計七二機を発進させたが、その攻撃は翔鶴に集中した。しかし命中弾は三発で、同艦の飛行甲板の使用を不能にしたにとどまった。第五航空戦隊司令官が行った戦闘速報によれば、戦い終わった時点で、攻撃使用可能機が艦戦一八機、艦爆三二機、艦攻一八機であり、まさに追撃の好機が訪れていたのである。

しかるに機動部隊指揮官は、「本日第二次攻撃ノ見込ナシ」と報告し、これを受けて南洋部隊指揮官は「攻撃ヲ止メ北上セヨ」と電命した。当時内地にあって経過を見守っていた連合艦隊司令部では、この命令を、自隊の損害のみを過大視する弱将の所為と激怒し、同夜二〇時「コノ際極力敵ノ殲滅ニ努ムベシ」と連合艦隊長官命令を打電して叱咤した。南洋部隊指揮官はただちに作戦の再興を命じたが戦機はすでに去り、十日遂にMO作戦は延期された。なおヨークタウンは一月後のミッドウェー海戦に馳せ参ずるのである。

ミッドウェー海戦　ミッドウェー海戦は、日本軍のミッドウェー島攻略を阻止する米機動部隊と、わが連合艦隊との戦いであって、その結果、日本軍が大敗して太平洋戦争に一大転機をもたらした極めて重大な意味を持つ海戦である。

わが作戦発起は山本連合艦隊司令長官であり、中央の反対を押し切って実施に移されたものであることは既述のとおりである。その作戦目的は、ミッドウェー島を攻略して、同方面からする敵国艦隊の機動を封止するとともに、わが作戦基地を推進するにあると明文化されているが、山本長官が真にねらったものは、敵の空母を誘い出してこれを撃滅することにあったといわれている。

作戦部隊は連合艦隊の大部と、陸軍の一木支隊（一大隊基準）で、前者は連合艦隊司令長官、後者は一木支隊長が指揮をとった。海軍部隊の軍隊区分は次表のとおりである（部隊、指揮官、主要兵力の順）。

(1)　主力部隊　連合艦隊司令長官直率
　主隊　直率（戦艦大和、陸奥、長門）
　警戒部隊　第一艦隊司令長官　低速戦艦基幹
(2)　攻略部隊　第二艦隊司令長官

第二艦隊主力　高速戦艦二隻　小型空母一隻
輸送船
(3)　機動部隊　第一航空艦隊司令長官　第一航空艦隊主力（空母六隻）　高速戦艦二隻、重巡二隻基幹
(4)　先遣部隊　第六艦隊司令長官　第六艦隊（本作戦には第一、第三、第五潜水戦隊参加）
(5)　基地航空部隊　第一一航空艦隊司令長官　第一一航空艦隊主力（第二二、第二四、第二六航空戦隊）
(6)　南洋部隊　第四艦隊司令長官　第四艦隊基幹
(7)　北方部隊　第五艦隊司令長官　第五艦隊、空母二隻と重巡二隻基幹の機動部隊、輸送船、上陸兵力
(8)　通信部隊　第一連合通信隊司令官　第一連合通信隊主力

この軍隊区分において主力部隊が編成されたのは、同部隊が全作戦の中心となり、その圧倒的な砲力によって最後の勝利を決しようとするいわゆる大艦巨砲主義のあらわれである。なお北方部隊はアリューシャン作戦の担当である。

また作戦計画の骨子を示せば、次のとおりである。

一、二式飛行艇により事前にハワイの空中偵察を行う（K作戦）

二、先遣部隊は事前に要地偵察及び散開線を構成する

三、攻略日（N日）を六月七日とし、攻略部隊がミッドウェーの敵航空哨戒圏（六〇〇マイル）に入る前に機動部隊はミッドウェーを、北方部隊の機動部隊はダッチハーバーを同時に奇襲し、敵航空兵力を制圧する。したがって、機動部隊の攻撃は六月五日（N―二）と予定す

四、各部隊は右に応ずるごとく行動するものとし、その基準は上図に示すとおり。なお各隊の内地（内海西部）の出撃は、機動部隊が五月二十七日、主力部隊及び攻略部隊は五月二十九日、先遣部隊及び船団部隊は適宜先行する

一路、ミッドウェーへ　日本軍の参加部隊の中には、予定しなかったミッドウェー作戦の割り込みに作戦準備が応じきれず、作戦延期を要望するものがあったが、連合艦隊司令部はこれを押し切った。よって各部隊は予定のごとく行動し、機動部隊は六月五日〇一三〇ミッドウェー島の北西約二一〇マイルの地点に達した。

ただし前記K作戦は、飛行艇に対する海上での燃料補給の見込みがつかず取り止められ、また散開線の構成は、潜水部隊の進出がおくれたため、敵部隊通過後となった。

これに対し米軍は日本海軍の暗号電報を解読して作戦の全貌を知り、太平洋艦隊司令長官ニミッツは兵力の急速集結を行うとともに、兵力が十分にないことを認めアリューシャン方面は諦めることとした。

空母ホーネットとエンタープライズは五月二十六日真珠湾に入港し、急速補給の上二十八日出撃した。随伴したのは重巡五、軽巡一、駆逐艦九であった。これが第十六機動部隊で、指揮官はハルゼー中将が病気のため、レイモンド・A・スプルーアンス少将が代わった。空母ヨークタウンは珊瑚海で傷ついたまま帰港し、応急修理のうえ五月三十日、重巡二、駆逐艦五を伴って出撃した。これが第十七機動部隊で指揮官はフレッチャー少将である。この難局に立ち向かうフレッチャー、スプルーアンス両提督に対し、ニミッツ大将が与えた訓示には次のごとく述べられている。

「貴官は、味方の艦隊を暴露することによって敵により大きな損害を与える見込みがなければ、優勢な敵艦隊による攻撃に味方の艦隊をさらすべきでない、という計算された危険の原則に従うべきである」

この極めて困難な戦略を実施するため、両提督が選んだのがミッドウェーの北東海域であった。この地点は、北西方から同島に迫る日本艦隊の側面を衝くことができるからである。両部隊はそれぞれ六月二日同地点に進出の上合同し、フレッチャー提督が全般指揮に任じた。

戦闘経過　六月五日、日の出は日本時間で一時五二分、日没は一五時四三分、月齢は二二である。米軍はミッドウェーから発進した索敵機によって二時五二分、南雲部隊を発見した。南雲部隊は敵空母は存在しないとの推断のもとに、一時三〇分、ミッドウェー島の北西約二一〇マイル付近で索敵機、上空警戒機を発進させるとともに、ミッドウェー島攻撃隊一〇八機を発進させた。

索敵機は本来水上機（水上艦搭載）が充てられるが、不足のため二機の艦上機を加え、計七機をもって東半円をおおうごとく、進出距離三〇〇マイル、側行六〇マイルで派出された。最初の発見電は四時二八分で、一〇〇度方向に向かった利根四号機からの「敵ラシキモノ一〇隻ミッドウェーの一〇度二四〇マイル針路一五〇度」であった。同機が「敵ハソノ後方ニ空母ラシキモノヲ伴フ」との母艦の存在を報じたのは、約一時間後の五時二〇分であった。

これより先、南雲長官は二時二〇分ミッドウェー島の第二次攻撃を予令したが、利根機の第一報によって第二次攻撃はこの水上部隊に向けることとし、四時四五分艦攻の雷装への復帰を命じた。ところがこの作業は意外に手間どり、長官が攻撃隊の発進を令したのは七時二〇分で、その三分後、まさに一番機が飛び立とうとしたとき、加賀・赤城・蒼龍《そうりゅう》の三空母は相次いで敵機の奇襲するところとなり、すべては炎と化してしまった。

なぜ、もっと早く攻撃機隊を発進させなかったのであろうか。現に五時二五分山口第二航空戦隊司令官は「直チニ攻撃隊発進ノ要アリト認ム」と具申しており、当時、同司令官の指揮下にある飛龍と蒼龍には、それぞれ爆撃機一八機、計三六機が発進即応の態勢にあった。しかし南雲長官はそれを容れなかった。南雲長官はミッドウェー第一次攻撃隊をまず収容し、十分な戦闘機の掩護をつけて、完備した攻撃態勢を整えてから発進させようとしたのである。

いっぽう、配備点についた米機動部隊は、ミッドウェーからの索敵機の報告によって日本の機動部隊の位置を確認した。米軍はただちに攻撃を開始することなく、攻撃機の十分な攻撃距離に入るまで慎重に行動し、推定距離一五〇マイルで、かつ日本軍のミッドウェー攻撃隊が帰艦して補給しているときをねらって、午前四時（米軍使用時午前七時）頃、攻撃隊を発艦させた。

しかしその中の大部分は日本艦隊を発見できず引き返し、一部は発見して攻撃したが、日本軍の戦闘機によって撃墜された。残りの一部が偶然日本軍を発見し、その虚に乗ずることができたが、その経緯をたどれば、幸運に恵まれたというほかない。日本各艦に対する攻撃機数と命中弾数は加賀九機（四発）、赤城三機（二発）、蒼龍一二機（三発）と極めて少数であったが、各艦とも攻撃隊発艦の準備を整えており、爆発はただちに誘爆を起こし、収拾できない大火災へと拡大していった。

敗　退　山口司令官の坐乗する飛龍は少しく離れていたため同時攻撃を免れた。以後同司令官指揮のもとに孤軍奮闘し、敵空母一（ヨークタウン）に沈没に至らしめる損傷を与えたが、一四時一分またも敵爆撃機に急襲され、四発の命中弾を受けて火災となり、遂に翌六日午前二時頃、前日来炎上を続ける赤城とともに、味方駆逐艦によって処分され、山口司令官及び加来艦長は旗艦飛龍と運命をともにした。なお加賀と蒼龍は前日一六時すぎ相前後して沈没した。

山本連合艦隊司令長官はこのとき旗艦大和に坐乗し、主力部隊を直率して約四〇〇マイルの後方にあったが、機動隊壊滅という事態に直面し、ただちに夜戦を決意し、一六時一五分その意図を全軍に明らかにした。しかしやがてそれが無理なことに気づき、二三時五五分ミッドウェー作戦中止を下令した。なおアリューシャン作戦もいちじ延期されたが、間もなく北方部隊指揮官の意見具申を容れて続行が令された。

かくて日本軍は主力空母四隻をすべて失うという、夢想もしなかった大敗北を喫したのであるが、最後にその敗因について考察してみたい。

直接的な敗因の第一は索敵の失敗である。関連する索敵機はさきに述べた利根四号機とその北隣りの索敵線を飛んだ筑摩一号機である。推計では筑摩一号機は敵機動部隊の上空を飛んだことになる。しかし発見できなかったとすれば、天候その他の悪条件があったとみるほかない。利根四号機の発見報告は確かに適切とは言えない。しかしこのようないわゆる戦術ミスは避けられないのが戦場一般である。

したがってこれを補うには、二段あるいは三段に索敵を行う以外にないが、実際には既述のように索敵機が不足したこともあって、一段の索敵しか実施されなかった。

直接的な敗因の第二は、敵爆撃機の上空進入を許したことにある。これは、直衛戦闘機が直前に来襲した雷撃機を邀撃《ようげき》するため低空に下りてきたわずかな隙に、飛び込まれたのであった。したがって戦闘機隊としては手いっぱいであったとみてよい。もし事前に敵機を発見できれば、一騎当千の実力をもつ零戦隊が捕捉できたかもしれない。が、当時日本海軍ではレーダーは実用されておらず、したがって敵機の発見は見張りに頼るほかなかった。しかしその点で期待された直衛艦は、見張りにおいても、対空掩護射撃についても、ほとんど寄与するところはなかった。また、より重大ことは、日本軍の直衛戦闘機をてんてこ舞いさせるほど間断なく米機が来襲したことである。それは米軍が機動部隊のほかに不沈空母ミッドウェー基地を保有し、かつ多数の航空機を出撃させたことにある。

これらは究極的には、わが機動部隊が次表に示すごとく劣勢であったことに帰する。

	（空母）	（戦艦）	（重巡）	（軽巡）	（駆逐艦）	（艦載機）	（基地機）	（陸上基地）
日本軍（機動部隊）	四	二	二	一	一二	二一六	○	○
米　軍	三	○	七	一	一四	二三二	一一九	一

連合艦隊のほとんど総力を挙げながら、機動部隊はなぜこのような劣勢比となったかというと、上図に示すように日本軍は兵力を分散してしまったためである。

これはアリューシャン作戦を同時に行うという軽挙に加えて、大艦巨砲主義という時代遅れの思想にとりつかれて主力部隊を編成し、機動部隊のはるか後方を続行して、いわゆる宝の持ち腐れに終わらしめたためである。もし主力部隊が編成されず、大和をはじめ有力な諸艦が機動部隊に編入されておれば、見張りと対空砲火を飛躍的に強化させたばかりでなく、多数の水上機を保有することになり、おのずから二段ないし三段索敵を可能にしたのであろう。

以上に述べたほか、K作戦が簡単に取り止められたこと、散開線への潜水艦の進出が遅れたこと、秘密漏洩の防止に周到な配慮がなされなかったことなど、戦いに取り組む態度に真剣さを欠いたことも重大な敗因である。

また南雲長官の戦闘指揮が慎重にすぎ、随時情勢に即して拙速を選ぶ決断力を欠いたことも、敗因に通ずるとみてよい。

なおアリューシャン作戦は予定通り進捗し、七日キスカ島、八日アッツ島を占領した。

ガダルカナル島争奪戦　ミッドウェーの敗戦で深傷を負った連合艦隊に中央が求めた次期作戦は、インド洋における通商破壊戦であった。その発動を間近かに控えた八月七日朝、とつじょ敵の大部隊がソロモン群島のガダルカナル島（以下ガ島と略記することがある）と近くのツラギに上陸を開始した。

実はミッドウェー海戦の結果、F・S作戦はついに中止されたものの、ポートモレスビーの陸路進攻は七月二十一日、ガ島における飛行場建設は七月十六日からそれぞれ開始された。

主敵をあくまでも米海軍と見定め、ミッドウェーの報復を深く期している山本連合艦隊司令長官は、印度洋作戦にあきたらず思っていたときだけに、ガ島の敵を好敵出現と、翌八日には「連合艦隊ハ速カニ此ノ敵ヲ撃滅スルトトモニ同方面ヲ確保セントス」との決意を明らかにして、麾下《きか》各部隊に同方面への急速展開を令し、かつ自ら大和を率い八月十八日発トラック島に向かった。

作戦は基地航空部隊（第一一航空艦隊）による即刻の反撃、水上部隊（第八艦隊）の夜襲（第一次ソロモン海戦）に始まり、特に後者においては敵重巡四を撃沈、一隻大破のみごとな戦果を挙げた。

陸軍はとりあえず一木支隊をガ島に投入することとし、その先遣隊は八月十八日ガ島に上陸、ただちに飛行場攻撃を開始したが、八月二十一日全滅した。この報に驚いた陸軍中央は、トラック島にあった一木支隊の本隊と川口支隊の一部を急遽増援することを決定し、第二・第三艦隊（新たに編成された機動部隊で、このとき空母三）がその支援にあたった。これに対し米軍は空母三からなる機動部隊と、すでに八月二十日から使用を始めたガ島基地から空襲を繰り返し、わが空母龍驤を撃沈、輸送中止のやむなきに至らしめた。これが八月二十四日の第二次ソロモン海戦である。

以後、陸軍輸送は駆逐艦によって敵の航空攻撃の間隙をねらって行う、いわゆる鼠《ねずみ》輸送に切り替えられた。その結果、八月二十九日〜三十一日にわたって一木支隊・川口支隊の揚陸に成功した。いっぽう米軍の増援部隊は九月八日ガ島に上陸、この時点における米軍兵力約一万一〇〇〇に対して日本軍は約六〇〇〇で、川口支隊の飛行場攻撃は九月十日失敗に終わった。以後日米両軍とも地上兵力の増強につとめ、十一月上旬には双方とも約三万に達したが、重火器なく、空腹にあえぎ弾薬欠乏に苦しみながら、しかも敵の制空権下で戦う日本軍は日一日と苦境に追いこまれていった。

あいつぐ混戦死闘　これに対し、海軍も死力をつくし地上作戦への協力・補給支援に任じた。それに伴って十月十一日にはサボ島沖夜戦が生起し、同十三日は第三戦隊（金剛・榛名）によるガ島飛行場の夜間砲撃が行われ、多大の効果をあげた。同二十五日〜二十六日南太平洋海戦、そして十一月十二〜十四日第三次ソロモン海戦と、激戦が繰り返された。その詳細は海戦史に譲り、要点のみを示せば次のとおりである。

●サボ島沖夜戦（十月十一日）

糧食弾薬の緊急輸送中のわが軍を、スコット少将率いる米水上部隊（重巡二、駆逐艦五）がサボ島沖で待ち受け、レーダー射撃によって奇襲し、五藤司令官は戦死、重巡三隻中一隻沈没、一隻大破の大損害を与え、夜戦を誇る日本海軍の前途に暗影を投じた。また輸送は中止された。

●南太平洋海戦（十月二十五日〜二十六日）

第二師団の地上攻撃に策応するため、第二艦隊（近藤中将）、第三艦隊（南雲中将、空母四基幹）がソロモン東方を南下中に米機動部隊（空母二）と遭遇、戦闘となった。米軍は空母一を失って避退したが、日本軍も航空機八四機を失った。

●第三次ソロモン海戦（十一月十二日〜十四日）

わが軍が第三八師団の緊急輸送に際して大船団方式（輸送船一一隻を、田中第二水雷戦隊司令官率いる駆逐艦一一隻が直衛）を組み、戦艦以下水上部隊を挙げて間接支援にあたらせたのに対し、米軍がこれを阻止反撃に出た戦いで、史上類のない混戦死闘となった。

まず、十二日の夜戦で阿部第十一戦隊司令官の率いる戦艦二（比叡・霧島）、軽巡一、駆逐艦一と、キャラガン少将率いる重巡二、軽巡三、駆逐艦八とが遭遇戦を展開、キャラガン及びスコット（次席指揮官）両提督は戦死した。

十三日夜戦では、三川第八艦隊長官の率いる重巡四、軽巡二、駆逐艦四が深夜のガ島砲撃に成功して帰投中、天明頃米軍機により発見、捕捉された。

十四日夜、近藤第二艦隊長官の率いる戦艦一（霧島）、重巡二、軽巡二、駆逐艦八と、リー少将の率いる新式戦艦二（サウスダコタ、ワシントン）、駆逐艦四とが交戦した。

三日間に及ぶ戦闘で、日本軍側は戦艦二（霧島・比叡）、重巡一、駆逐艦三が沈没、米軍側も軽巡三、駆逐艦七を失った。また輸送船一一隻中四隻が着岸擱坐した。

●ルンガ沖夜戦（十一月三十日）

第三次ソロモン海戦で損害を蒙ったわが軍は再び駆逐艦輸送に返り、第二水雷戦隊（田中少将の率いる駆逐艦八）は食糧及び医薬品のドラム缶輸送に従事、十一月三十日二一時過ぎ、タサファロング泊地に進入し、ドラム缶の投入を開始したとき、高波見張員が敵艦隊を発見した。敵は米巡洋艦五、駆逐艦七で、レーダー探知によって日本軍を攻撃しようと近接したもので、わが軍は直ちに砲雷同時戦に転じ米重巡四隻を撃沈して、米海軍を顔色なからしめた。なお日本側は駆逐艦一隻を失ったのみであった。

以上のように、海戦はおおむね五分五分であったがわが輸送船の被害は大きく、多くの場合輸送は挫折した。前述の十一月十四日着岸に成功した輸送船四隻も、天明後敵機の爆撃によって炎上し、揚陸した物資は微々たるものであった。以後は潜水艦輸送に頼るほかなく、十二月二十三日頃から絶食の部隊も出始めた。かくてガ島奪回の見込みはまったく絶え、十二月三十一日の御前会議でガ島からの撤退が決定し、翌十八年二月上旬三回にわたって撤退が行われ、残留者約一万一〇〇〇名の引き揚げが実現した。

　この間の彼我の損害は次表のとおりである。

	人員		艦艇		航空機	輸送船
	戦死	戦傷	沈没	損傷		
日本軍	陸　二万八〇〇〇 海　三八〇〇		一三万四八〇〇トン 二九隻	四二隻	海軍機　八九二機 パイロット　二三六二名	一六隻
米軍	一六〇〇	四二〇〇	一二万六二四〇トン 二九隻	二七隻		

　この数字のうち最も重視すべきものは、海軍第一線機八九二機の喪失である。この数はミッドウェー海戦のそれの三倍で、搭乗員の数は一〇倍に達し、その深刻さを物語る、また艦艇についても、米国がこの間八九隻を新造して差し引き六〇隻の増を示すのに対し、日本は五隻の減となる。商船についても十八年二月頃から喪失が新造を上回り、海上輸送の破綻を示すのである。

　これらの数字は、半年にわたるガ島の争奪戦が本質的には航空決戦であり、同時に消耗戦であって、日本はそれに敗れたことを示すのである。このことは国力の限界ぎりぎりで戦ってきた日本にとって、決定的敗北を示唆するものであった。

守勢作戦

ソロモン・ニューギニア守勢作戦　昭和十八年（一九四三）三月二十五日大本営は、守勢作戦を内容とする第三段作戦への移行を指令し、海軍作戦は「南東方面作戦に関する申合覚」によって指導されることになった。その要点は、ニューギニア・ソロモン及びビスマルク方面における現勢を確保することを絶対要件とし、特にニューギニアを重視するというものであった。

これに対し米軍は、ラバウルを当面の最重要目標におき、海軍部隊（南太平洋部隊）はソロモン諸島伝いに、陸軍部隊（南西太平洋部隊）はニューギニアの南端から各地の日本軍の拠点を蛙飛びに進撃する作戦に出た。

ガ島戦ですでに戦力つきた日本に、ソロモン及びニューギニアの各島各地で、ガ島と同じような戦いを繰り返す余力は残されていなかった。これに反し、敵はさらに新鋭をつぎ込み航空爆撃や艦砲射撃を一段と強化するものと予想された。

この情勢にかんがみ、山本連合艦隊司令長官は、前線の一挙崩壊を避けるべく、四月上旬母艦機をラバウルに進出させ、基地航空部隊と合わせ自ら指揮して航空撃滅戦を実施した。行使した航空機は各種計三三九機で、当時ソロモン方面の敵機約五六〇機と戦い、相当な戦果を収めたが、わが損害も大きく一〇日余りで打ち切られた。これが「い」号作戦である。この作戦直後の四月十八日、前線の視察に出た山本長官は、そのことをわが暗号の解読によって諜知し、ブーゲンビル南端上空に待ち受けた米戦闘機群によって、その搭乗機を撃墜されて戦死した。

半年後の九月三十日、第一線を遠く後退させた絶対国防圏の戦略への転換が決定し、その態勢作りの必要が生じた。山本長官の後を継いだ古賀新連合艦隊司令長官は「い」号作戦にならい、十一月二日から同十二日まで、母艦機一七三機を投じて航空撃滅戦を実施してこの要請にこたえた。これが「ろ」号作戦であり、第一次から第三次にわたるブーゲンビル島沖航空戦は、この間敵のタロキナ上陸に対して行ったものである。航空攻撃は引き続き第六次（十二月二日）まで行われ、空母八隻の撃沈を含む大戦果が報ぜられたが、戦後発表された米軍の記録では撃沈された艦艇は一隻もない。

これより先、八月十二日日本軍は中部ソロモンからの撤退を決定した。前述のように連合軍は十一月一日タロキナに上陸、基地を開設しラバウルへの航空戦を強めた。しかしラバウルの日本軍の防備が極めて堅固であると判断し、当初の直接攻略方針を改め、周辺の要地を占領して孤立させる作戦に出た。マーカス岬、ツルブ岬、グンビ岬の占領、次いでグリーン島、アドミラルティ島の上陸がそれである。なおラバウル航空隊は二月十九日全機トラック島へ引き揚げた。

他方ニューギニア戦線では、十七年（一九四二）八月にはポートモレスビーを指呼の間に望む至近距離に迫り、またパプア半島の先端ミルン湾を占領した。しかし間もなくマッカーサーの反撃が始まり、日本軍では東部ニューギニアの作戦に専念する第十八軍が編成されてこれに対したが、兵力の増強は実現せず、補給は杜絶しがちで、かつ終始制空権を奪われ、作戦は困難を極めた。かくて十七年十二月ブナ攻略に始まった連合軍の蛙飛び作戦は次第に速度を増し、十九年七月にはニューギニアの西端リンポールに達し、東部ニューギニアから日本軍をすべて撃退した。

この間海軍はもっぱら航空支援に努めたが、続々と新手を繰り出す連合軍航空部隊の前に、ここでも消耗戦を強いられる結果となった。事実ソロモン・ニューギニア作戦を通じ、わが喪失機数は七〇〇〇機に上り、日本海軍の航空戦力を根源から枯渇させたのである。

北東方面守勢作戦　十七年六月、日本軍は西部アリューシャン列島を攻撃し、キスカ、アッツの両島を占領した。これは日本の太平洋哨戒線を前方に出すためのものであり、ミッドウェー作戦と同時的に行われたことは既述のとおりである。米軍はただちに大型機と潜水艦を主体に反撃を開始し、じご後逐次航空基地を近接させ、さらに水上部隊も加えて激烈な反攻に出た。

これに対し、日本軍は積極論・消極論など種々の論議はあったが、実際には占領後はもっぱら守勢をとり、たまたま生起したアッツ島沖海戦（十八年三月）でも、わが北方部隊は優勢にもかかわらず積極行動をとらず、敵を逸してしまった。米軍がアッツ島に上陸したのはその二月後で、同島の日本軍守備隊は玉砕した。

アッツ島沖海戦について若干補足すると、同海戦はアッツ島に対する輸送護衛に任じたわが北方部隊（指揮官細萱第五艦隊司令長官）と、日本の増援部隊を邀撃する任務をもって行動中の米水上部隊（指揮官マックス・モーリス少将）とが、三月二十七日アッツ島の西方海上で遭遇して生起した、北東方面唯一の海戦である。兵力は日本軍重巡二、軽巡二、駆逐艦四、米軍重巡一、軽巡一、駆逐艦四で、日本軍が優勢であった。戦闘を開始して間もなく米軍は避退針路に変針し、日本軍は有利な態勢で追撃戦に入るが、敵の砲火に進出を妨げられて遠距離砲戦に終始し、再三の好機を逸したばかりか、遂に追撃を断念し、米艦隊全艦を見逃してしまった。しかもアッツへの輸送までも中止して、北千島に帰投してしまった。

アッツ部隊の玉砕にかんがみ、日本軍は五月二十一日キスカ守備隊の撤収を決定した。まず潜水艦による逐次撤収を行ったが、米軍のキスカ島に対する哨戒が厳重になるにしたがい、潜水艦の犠牲が続出したため、六月二十三日中止した。

これに代わって水上艦艇による一挙撤収方式が採用されることになった。六月八日付で第一水雷戦隊司令官となった木村昌福少将が撤収部隊指揮官となり、七月十一日泊地進入の予定で行動を起こしたが、同十五日になっても利用できるような海霧が発生しなかったので、いったん幌筵に引きあげた。改めて出撃し七月二十六日以降待機点に進出し、二十九日朝海霧の状況よしとキスカ湾に向かい、一三時四〇分入港、約五〇分間で在島陸海軍部隊五二〇〇名を一兵も残さず収容し、かつ米軍に発見されることなく帰投した。この再出撃に際しては、第五艦隊長官が多摩に乗艦して突入直前まで直接指揮したが、成功の主因は海霧を利用できたことにあり、その意味で第一水雷戦隊の終始冷静な判断に負うところが大である。

ところで、北方作戦が太平洋戦争の中でもつ意義はむしろマイナスであろう。それはその攻略がミッドウェー作戦と同時に行われたため空母の分散を余儀なくさせたこと、また両島が単なる占領に終わり、払った犠牲の割には効果的に利用されなかったからである。

中部太平洋防衛戦　連合軍が「日本打倒のための戦略計画」に達したのは、一九四三年五月のワシントン会議で、これによって次の三つの方向が決定した。

一、北太平洋部隊はアリューシャン列島から日本軍を駆逐する

二、中部太平洋部隊は真珠湾から西進する

三、南部太平洋部隊と南西太平洋部隊は協力してラバウルに進撃する。次いで南西太平洋部隊はニューギニア北岸に沿って西進する

一と三はすでに述べたが、二に対しては、十八年六月ギルバート作戦の準備命令によって開始された。この軸線は堅固に防備された島の攻略であり、一般には難攻とされたが、米統合参謀本部はこの軸線を最も重視し、最優先権を与えた。ギルバート作戦が実施に移されたのは十一月であるが、それはこの時点で攻略態勢がほぼ完成したからである。

米軍のギルバート作戦の目標は、マキンとタラワの占領にあった。十八年十一月十九、二十日、マ

ーシャル及びギルバート諸島に対する艦砲射撃と数百機からなる反復空襲の後、二十一日払暁、水陸両用部隊はタラワ、マキンの両島に上陸を始めた。マキンには七四三名の守備隊、タラワには柴崎海軍少将の率いる二六〇〇名の守備隊がいた。当時タラワの陸上防備は、中部太平洋諸島の中では最も進んだものとみられていたが、米軍の猛攻の前に、マキンは二十二日全滅、タラワでは二十五日全軍突撃して玉砕した。同島は三〇〇〇トンの砲爆弾によって、陣地も堡塁も事前に潰えたのであった。

ところで、米軍が攻略態勢を整えたというのは具体的には、遠距離進攻を目的とする第五艦隊を編成したことである。同艦隊は正規空母六、軽空母五、護衛空母八、新式戦艦五、旧式戦艦七、重巡九、軽巡五、駆逐艦五六のほか、二九隻の輸送船および貨物船と多数の各種上陸用船艇からなった。この艦隊の威力はさきのマキン、タラワで試され、次いで二月八日のメジュロ、クエゼリン、二月十八日のエニウェトクの攻略によって十分に立証された。

次に米軍が目指したのはサイパンで、その攻略に備え、まず彼らが「太平洋のジブラルタル」と呼んだトラック島の無力化にかかった。十九年二月十七日、十八日のトラック島の大空襲に加えて、一部艦艇及び潜水艦による攻撃も行った。この空襲によって所在のわが航空機二七〇機のほとんどすべてが破壊され、二隻の巡洋艦を含む艦艇一一隻、および三〇隻を超える輸送船が撃沈された。次いで三月末から四月のはじめにかけてパラオを急襲した。この間、三月三十一日敵の上陸を懸念してパラオより比島に向け空路避退した古賀連合艦隊長官は、途中低気圧に遭遇して搭乗機とともに行方不明となり殉職した。またサイパン、テニアン、グアムおよび硫黄島への空襲も行った。

これより先、十八年九月三十日の御前会議は絶対確保要域を千島・小笠原・内南洋（中西部）及び西部ニューギニア・スンダ・ビルマを含む太平洋及び印度洋とし、同圏内海上交通を確保することを国策として決定した。これがいわゆる絶対国防圏である。そして陸海軍はその戦略の支えとして邀撃帯の設定を計画した。しかし、これらはすべて空文に終わった。というのは未だ緒につく暇もなく、その中核地域をなすマリアナが突破されてしまったからである。

マリアナの失陥は、究極的にはマリアナ沖海戦の敗北に帰すべきであろうが、より直接的な原因は地域防衛態勢の不備にあった。このことは地上戦の推移に明らかであるが、その地上防備の主体となった第三十一軍はトラック島が攻撃を受けた二月十八日付で新設され、それによってサイパン、テニアン、グアム島その他に陸軍の配備が行われたのであった。すべては手遅れで、かくて中部太平洋の防衛は総崩れとなってゆくのである。

艦隊決戦

マリアナ沖海戦　サイパンを目指して行動を起こした米第五艦隊は、六月十一日グアム島の東方二〇〇マイルの地点に達した。その陣容は、空母部隊（第五十八機動隊）を中核とする総数五三五隻からなり、第五十八機動部隊は正規空母六、軽空母五、護衛空母八（母艦機計八九〇機）、新式戦艦七を主体とするまさに今様無敵艦隊であった。以後十四日まで砲爆撃と掃海を行い、十五日サイパン島への上陸を開始、同日中に海兵二個師団、翌日歩兵一個師団を揚陸した。グアム島へは七月二十一日、テニヤン島には二十四日それぞれ上陸を開始し、やがて各島とも所在陸海軍部隊は全員玉砕し、一般住民も軍と運命を共にした。

　連合艦隊長官が米軍のマリアナ来襲を本格的な攻略作戦と判断したのは十三日で、同日一七時二七分「あ号作戦決戦用意」を発令した。「あ」号作戦とは、中部太平洋方面から比島方面に敵艦隊が現れたときの作戦で、第一機動艦隊を比島中南部方面に待機させ、第一航空艦隊を中部太平洋方面・比島・豪北方面に展開して決戦即応の態勢をとるというもので、その兵力及び部隊区分は次表のとおりである。

部　隊	指揮官	兵　力	備　考
主　隊	連合艦隊司令長官	大淀　駆逐艦　三	日本内地にあって全般指揮
第五基地航空部隊	第一航空艦隊司令長官	第一航空艦隊のうち 六十一航戦 六十二航戦 二十三航戦 二十六航戦	基地航空兵力各種 計約七三〇

		一〇二一空	
機動部隊	第一機動艦隊司令長官	第一機動艦隊 一航戦（大鳳・翔鶴・瑞鶴） 二航戦（隼鷹・飛鷹・龍鳳） 三航戦（千代田・千歳・瑞鳳） 一戦隊（大和・武蔵・長門） 外水上部隊のほぼ全兵力	各航戦の航空兵力は次のとおり 一航戦　二二五 二航戦　一三五 三航戦　九〇 ｝計　四五〇 空　母　九 戦　艦　五 巡洋艦一三、駆逐艦
先遣部隊	第六艦隊司令長官	第六艦隊（一部欠）	
中部太平洋部隊	中部太平洋方面艦隊司令長官	略	中部太平洋部隊には第四基地航空部隊、内南洋部隊第三軍（陸軍）がその麾下にあった

これより先、連合軍のビアク島上陸（五月二十七日）を敵の主反攻と判断した連合艦隊司令長官は渾作戦を発動、第一航空艦隊の六個航空隊約四八〇機をパラオを中心に西北ニューギニアから比島の線に展開させるとともに、第一機動艦隊から第一・第五戦隊を派遣した。「あ号作戦決戦用意」の発令によって渾作戦は中止され、これらの部隊は復帰となった。しかし航空部隊の搭乗員たちの多くは風土病のデング熱にかかって任務につくことができなかった。

機動部隊は六月十三日タウイタウイを出撃し、十六日渾作戦派遣部隊を合同して十七日夕刻補給を終え、進撃を開始した。進撃開始にあたって機動部隊指揮官小沢治三郎中将は「機動部隊は今より進撃、敵を索め之を撃滅せんとす。天佑を確信し各員奮励努力せよ」と信号、十九日七時三〇分、かねて小沢長官が期したアウトレインジの戦法に則り満を持して第一次攻撃隊を発進し、その第一撃に期待して近接を開始、約三時間後に第二次攻撃隊を発進した。しかしその結果は次表にみるごとく、まったく予期に反し、日本軍の惨敗に帰した。

（攻撃回次）	（発進時刻）	（機　数〔計〕）	（未帰還及び自爆）	（戦　果）
第一次	○七三〇	一航戦一二八機	九七機	戦果不明
	○八三〇	二航戦　四九機	七機	ほとんどなし
	○七三〇	三航戦　六四機	四一機	空母巡洋艦各一に命中
第二次	一〇二八	前路索敵隊一機	一機	ほとんどなし
	一〇二五	一航戦　五〇機	二六機	〃
	一〇三〇	二航戦　一五機	九機	〃

この間米軍の作戦は、指揮官スプルーアンス提督の慎重冷静な判断によって指導された。日本軍に対する情報は早くつかんだものの、十九日朝になってはじめて西に変針して、日本艦隊の攻撃に向かった。一〇時日本機を一五〇マイルでレーダー探知、ただちに四五〇機の全戦闘機を発艦させた。これらの米機はレーダー誘導によって日本機隊の針路上空に待機し、奇襲をかけたのである。

翌六月二十日、米機動部隊は日本艦隊の追撃に転じ、一六時頃各種計二〇〇機余りを発進させた。

これらは一七時三〇分頃から約一時間にわたって日本艦隊を攻撃した。日本軍の被害は航空機二一機であったが、米軍は戦闘で二〇機、帰投時着艦の際八〇機を亡失した。

これは米軍索敵機が日本艦隊の位置を実際よりも六〇マイルも近く誤断して報じたことによるものであった。

二十日のわが薄暮攻撃は米機動部隊を発見できず不成功に終わり、また第二艦隊による夜戦の見込みも立たず、二十日一九時すぎ作戦は打ち切られた。

この海戦は、小沢長官が自ら案出し、飛行機にも進出距離を伸ばす等の工夫を加えて準備したアウトレインジの戦法を、その構想通りの態勢で実施に移したものであった。しかし結果は先に述べたように大敗に終わったが、その最大の原因はアウトレインジの戦法そのものにあったとみてよいであろう。それはわが攻撃隊の大部が敵艦隊に到達できなかったことで明らかなとおり、攻撃距離が遠すぎ、またそのため遠距離で敵のレーダーに探知されたのである。

たしかに、敵の鋒先の届かないところから先制の一撃を加えて、敵空母の飛行甲板を使用不能に陥らせるいわゆるアウトレインジの戦法は、それまでの戦訓に則った合理的なものである。しかしそれには何よりも、それだけの長距離の戦闘飛行に堪える練度と戦術的な対応が必要なのである。しかし当時はガ島・ソロモンで壊滅した後をうけて速成したばかりの搭乗員がその大部を占めており、しかもその直前の訓練も母艦の行動等のため不十分であった。その彼らには、この戦法は練度を超えたものであったというべきだろう。

今一つ重大な敗因は、基地航空部隊が事前に壊滅したことである。本来この作戦は基地航空部隊の策応なくして成功しないものであったが、事前の米軍の空襲による被害はまだしも、既述のように直前に敵のビアク島上陸に牽制され、これに多くを奪われてしまったのであった。

レイテ海戦　昭和十九年（一九四四）十月十七日七時、連合軍はレイテ湾口スルアン島に上陸を開始した。この報に接した豊田連合艦隊司令長官は、ただちに「捷《しょう》一号作戦警戒」を令した。捷号作戦とは本土、南西諸島、台湾および比島に敵の侵攻が行われるときを予想した作戦で、そのうち捷一号は比島方面を対象とし、その作戦構想は、水上部隊（遊撃部隊）は敵の上陸地点に突入、機動部隊は水上部隊の作戦を成功させるため敵機動部隊を北方へ牽制、基地航空部隊は水上部隊に対する航空支援に任じ、また先遣部隊も極力多数の潜水艦をもって参加するというものであった。機動部隊を積極的な攻撃作戦に用いなかったのは、マリアナ沖海戦で母艦搭乗員が壊滅したからである。これを受けて次の部署が定められた。

いっぽう、レイテ湾に上陸した連合軍は比島への本格的進攻を意図したもので、中部比島の日本軍の防衛が貧弱であると見抜き、島伝いの予定を修正してモロタイ島から一飛びに進攻したのであった。その兵力はマッカーサー大将の率いる南西太平洋方面が主体となり、ニミッツ大将の率いる太平洋艦隊が支援にあたり、直接には第三艦隊がその任務を担当した。第三艦隊は、ハルゼー大将がスプルー

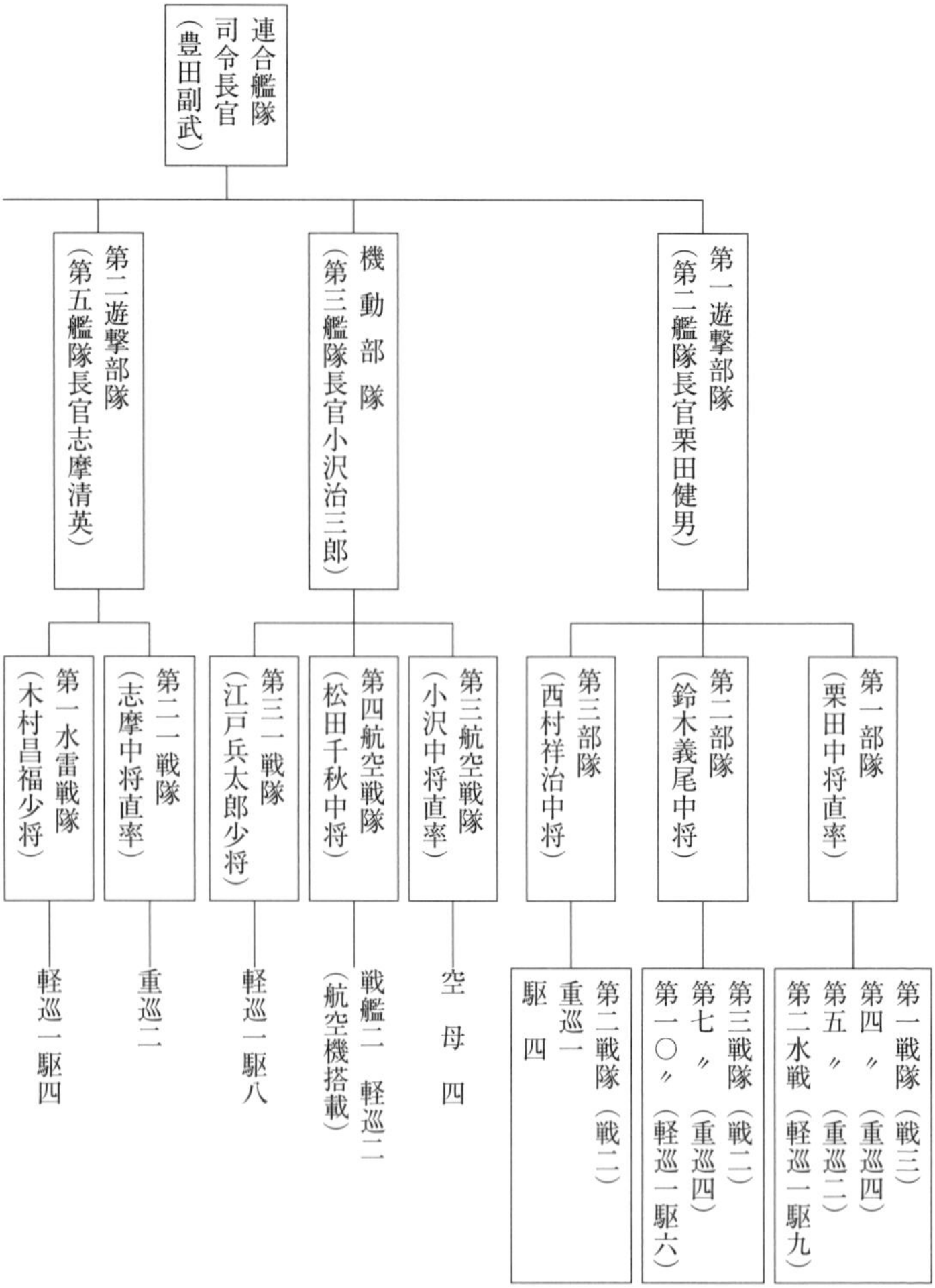
連合艦隊
司令長官
（豊田副武）
第一遊撃部隊
（第二艦隊長官栗田健男）
機動部隊
（第三艦隊長官小沢治三郎）
第二遊撃部隊
（第五艦隊長官志摩清英）
第一部隊
（栗田中将直率）
第一戦隊（戦三）
第四〃（重巡四）
第五〃（重巡二）
第二水戦（軽巡一駆九）
第二部隊
（鈴木義尾中将）
第三戦隊（戦二）
第七〃（重巡四）
第一〇〃（軽巡一駆六）
第三部隊
（西村祥治中将）
第二戦隊（戦二）
重巡一
駆四
第三航空戦隊
（小沢中将直率）
空母四
第四航空戦隊
（松田千秋中将）
戦艦二 軽巡二
（航空機搭載）
第三一戦隊
（江戸兵太郎少将）
軽巡一駆八
第二一戦隊
（志摩中将直率）
重巡二
第一水雷戦隊
（木村昌福少将）
軽巡一駆四

先遣部隊（第六艦隊長官三輪茂義）―参加潜水艦一二隻

第五基地航空部隊（第一航空艦隊司令長官大西滝治郎）―約四〇機（実働）

第六基地航空部隊（第二航空艦隊司令長官福留繁）―約二二三機（実働）

アンスから引き継いだ第五艦隊のことで、この時点では四個の機動群からなり、一個群の兵力は概ね空母二、軽空母二、新式戦艦二、巡洋艦三、駆逐艦一四で編成され、平均二三隻内外であった。

十月十八日「捷号作戦実施ノ方面ヲ比島方面トス」が発令され、これによって機動部隊は二十日豊後水道を、第一遊撃部隊は二十二日ブルネイをそれぞれ出撃した。台湾近海にあった第二遊撃部隊には、スリガオ海峡よりレイテ湾に突入するように命令された。また連合艦隊司令長官は日本内地にあって全般指揮に任じた。

栗田艦隊反転す　第一遊撃部隊は栗田中将の直率する主隊と西村中将の率いる支隊とに分かれ、主隊はシブヤン海を経てサンベルナルジノ海峡を通過、サマール島東方海上を南下してレイテ湾に、支隊は南方直航路をとり、スリガオ海峡を経て同じくレイテに、二十五日午前五時を期して同時突入の予定で行動を起こした。

西村部隊は翌朝二時すぎ無事スリガオ海峡に達したが、そこで同海峡北口に展開して待ち受けていた戦艦六、巡洋艦八、および多数の駆逐艦・魚雷艇からなる敵水上部隊の包囲攻撃を受け、駆逐艦時雨《しぐれ》一艦を残して全滅した。

西村部隊の後方二〇マイルを続行した志摩部隊はスリガオ海峡に入って間もなく、西村部隊の全滅を感じとって反転した。

第一遊撃部隊主隊（栗田部隊）は、ブルネー出港の翌朝（二十三日）パラワン水道で敵潜水艦に襲撃され、旗艦愛宕と摩耶は沈没、高雄は傷つきブルネーに引き返した。

以後栗田長官は将旗を大和に移揚した。さらに翌日はシブヤン海において敵艦載機に捕捉され、午前一〇時すぎから午後三時頃まで五次にわたって延べ約二三〇機の攻撃を受け、その主目標となった武蔵は魚雷一九本、直撃弾一七発を受け、一九時二五分ついに沈没した。

栗田部隊は反転して敵機の猛爆をかわした後再反転し、予定より六時間の遅れを生じながらも、深夜サンベルナルジノ海峡を通過し、翌早朝サマール島沖に進出した。そこで意外にも前方遥かに檣《ますと》を視認、間もなく敵空母部隊と判明し、ただちに全軍突撃に転じ、六時五分大和は主砲射撃を開始した。

前日のシブヤン海における空襲で、日本艦隊は壊滅して逃げ去ったとみていた米軍はこの事態に周章狼狽し、悲鳴の電報を打ちつつ一途に遁走に転じた。ところが、空母随伴の駆逐艦は相次いで反転してはわが主力に迫って魚雷を発射し、また敵母艦機も少数機ながら間断なく飛来して銃爆撃を加え、ともにひたすら母艦をかばった。そのためわが追撃は著しく阻害された。栗田長官は〇九一一全軍に集結を命じ追撃を打ち切った。これは各艦が余りにも分散し過ぎたとみたからである。

これがサマール島沖海戦と呼ばれ、栗田長官はこの海戦における敵を正規空母部隊と判断し、戦果報告において正規空母三～四隻、重巡二、駆逐艦数隻を撃沈したと打電した。

しかし実際はC・A・スプレーク少将の指揮する護衛空母六、駆逐艦七からなる空母群であり、その受けた損害は護衛空母一、駆逐艦三の沈没にすぎなかった。これに対し、わが方の被害は重巡二の沈没、後にさらに重巡一の沈没が加わった。

米太平洋艦隊長官ニミッツ提督はその著『ニミッツの太平洋海戦史』で、日本主力艦隊の追撃を振り切った米護衛部隊、特にその駆逐艦の勇戦を称えて「この二時間にわたる果断、犠牲的行為およびみごとな成果こそは、合衆国はじまって以来もっとも誇りとすべき記録である」と述べている。

集結を終えた栗田艦隊は一一時針路をレイテ湾に向けたが、一二時二六分北方に反転した。それは少し前に受信した「敵機動部隊〇九四五スルアン島灯台の方位五度距離一一三マイル」との電報による新目標に向かったのである。この目標は機動部隊の北東約五〇マイルと推定されたが、そこには敵影なく、間もなく栗田長官はさきの電報が虚報であったことに気づく。しかしすでに燃料等の顧慮も生じ、そのままサンベルナルジノ海峡に向かい、翌夕刻コロンに着いた。

レイテ湾口四〇マイルに迫りながら、とつじょ反転した栗田長官の措置は戦後各方面の批判を呼んだが、目標選択の自由を与えられていた栗田長官が、レイテ湾の輸送船以上にその価値を認めたとすればその判断に論理的な矛盾はない。また発見電報について発信者が明確でなく、電報の存在そのものが疑われているが、当時類似の電報が多数味方航空機から発信されており、この電報も、その一つで、わが機動部隊を敵と誤認して発信されたものとの推定が行われている。混沌たる戦場にあっては起こり得る錯誤とみてよいであろう。もっとも筆者は、反転せずそのままレイテ湾に突入する選択を決して否とするものではない。

さらに小沢部隊の作戦に言及すれば、同部隊は囮《おとり》任務に徹した作戦によって、猛将ハルゼーの率いる機動部隊の北方誘致に成功した。これがサマール島沖でスプレーグ提督をして狼狽させ、同時に栗田艦隊に追撃戦を展開する場を与えたのであるが、栗田長官は、小沢部隊からの通信不達のため最後まで事の真相を知らなかった。なお小沢部隊はハルゼー部隊の猛攻によって旗艦瑞鶴以下全空母を失った。

壊滅的な打撃　レイテ海戦は、日本軍は作戦目的を達成できなかったばかりか、次表にみるように被害ばかり大きく、完敗に終わった。

	（正規空母）	（軽空母）	（戦艦）	（重巡）	（軽巡）	（駆逐艦）	（潜水艦）
日本軍	$\frac{1}{1}$	$\frac{3}{3}$	$\frac{8}{9}$	$\frac{6}{13}$	$\frac{3}{6}$	$\frac{8}{31}$	$\frac{7}{13}$
連合軍	$\frac{0}{10}$	$\frac{3}{16}$	$\frac{0}{12}$	$\frac{0}{6}$	$\frac{0}{11}$	$\frac{3}{8}$	$\frac{0}{13}$

〈注〉分母は参加艦数、分子は沈没艦数

被害計＝日本軍三〇万六〇〇〇トン連合軍三万七〇〇〇トン

なおわが残存艦のうち大和以下約半数は、本格的修理を要する大損害を受けた。また、航空機の損害は機動部隊において約八〇機に及ぶ壊滅的打撃を受け、基地航空部隊もこの間に一〇〇機以上の未帰還機を出したものと推定されている。

この大被害の結果、連合艦隊は以後組織的な艦隊作戦の実施は不可能となった。なおこの海戦に初めて特攻機が参加したが、その説明は次項に譲る。

不成功に終わった原因は経過の中で明らかにしたとおり、栗田艦隊が虚報によって反転したことにある。反転の理由についてはすでに述べたとおりであるが、その最も根底にあったものは栗田長官が、レイテ湾の輸送船攻撃に至上の作戦価値を見出していなかったことにあり、またその背景には栗田部隊の将士の大多数が、輸送船との心中に陥ることを忌避していた事実がある。したがってこの場合は何よりも価値観の統一を図ることが必要であり、そのためには、下命者である連合艦隊長官が陣頭に立って身をもって示すことが最も望ましく、またこの作戦の規模・構成等からみてもそれは決して過当ではない。

海軍作戦の終焉

特攻　レイテ海戦以後、日本海軍の邀撃戦略の中心となったのは特攻であった。米軍の戦史を読むと日本の特攻機の攻撃に、艦船の乗員が戦戦兢兢としていたことを知る。圧倒的な彼らの勝勢の中にあって、絶えず彼らの心を脅かしたのは、いつ頭上に飛んできて体当たりするかも知れない日本の特攻機であったのである。

日本軍が特攻を初めて戦術として採用したのはレイテ海戦で、その必要性を強調し、かつ実施に移したのは第一航空艦隊司令長官大西滝治郎中将である。成功した最初の特攻は十月二十五日レイテ湾の敵護衛空母群に突入し、空母セント・ローを沈没に至らしめ、他の二空母に損傷を与えた神風特別攻撃隊敷島隊で、指揮官は関行雄大尉である。同特攻隊は十月十九日編成され、二十日から攻撃を開始している。時を同じくして久納好孚中尉を隊長とする神風特別攻撃隊大和隊が編成され、作戦を開始したが、戦果が確認されていない。

神風特攻は以後終戦まで続けられ、陸軍の特攻機も加わり、沖縄戦では陸海軍とも多数の特攻機が九州から出撃し、海軍機は主として敵機動部隊を、陸軍機はもっぱら敵輸送船団を目標とした。出撃機数を作戦ごとに大別すると、次表のとおりである。

（作戦方面）	（海軍機）	（陸軍機）	（計）
比島硫黄島作戦	三一五	二五三	五六八
沖縄作戦	九八三	九三一	一九一四
全作戦総計	一二九八	一一八四	二四八二

右による戦果は、撃沈護衛空母三を含む計四九隻、撃破は正規空母一六、軽空母五、護衛空母一五を含む計二七一隻に達した。

航空機による特攻とほとんど同じ頃、「回天」と称する特攻が採用された。これはいわゆる人間魚雷であって、大型魚雷に操縦者一名が乗り、小型潜望鏡を使用し、母艦潜水艦から発射されるもので、十九年十二月四日未明ウルシー環礁に在泊する米艦隊に対し、四発の回天が発射されたのが最初であるが、その戦果は不明である。

その他にも航空・水上・水中にわたって特攻が計画され準備され、本土決戦の主役を演ずべく予定されたが、これについては後述に譲る。

特攻は太平洋戦争の戦勢を挽回するには焼石に水の効果しかなかった。しかし太平洋戦争に臨んだ陸海軍人はもとより、一億玉砕を真剣に考えていた国民にとって、これが最後の抵抗手段と認識されたことは疑う余地がない。このような思想的基盤があればこそ、太平洋戦争をあれまで戦い抜いたとさえいえるのである。戦争の極限の場にあって行われた特攻は、精神的に偉大な教訓をのこすばかりでなく、特攻将士がその命を託した武器は、今後もわが国土防衛に生かされるべき発想を蔵していると思われる。

大和の沖縄突入作戦　米軍の沖縄進攻は、三月三十一日神山島（那覇西方約一〇キロ）に始まり、翌四月一日朝沖縄本島西岸に大挙上陸した。わが沖縄防衛の牛島兵団が水際配備を撤していたうえに九州方面からの航空攻撃が遅れたこともあって、昼頃には早くも北及び中飛行場は占領され、夕刻までには約五万の米軍がほとんど無傷で上陸し、橋頭堡を確立してしまった。

進攻連合軍の兵力はスプルーアンスの指揮する米第五艦隊を基幹とする大兵力で、その内訳は戦闘艦艇三一八隻、陸軍約六万、海兵隊約六万、艦上機約一〇〇〇機であった。すでに比島戦を終え（三月三日マニラ占領）、次いで硫黄島を占領し（三月十七日）、その勢いに乗じて沖縄に来攻したのである。

これに対する日本軍の兵力は現地陸軍第三十二軍（約六万七〇〇〇）、海軍沖縄方面根拠地隊（約九〇〇〇）、及び現地編成部隊（約二万四〇〇〇）と九州及び台湾に展開した陸海軍航空部隊（合計約三二七五機、うち特攻は一二三〇機にのぼったが、性能は劣り、教育未済の搭乗員も多く、質的内容は悲観すべき状態にあった）が主力で、三月二十六日「天一号」作戦（沖縄方面決戦）が発動された。

飛行場を占領されたことはすでに作戦の死命を制せられたと同然で、海軍はしきりにその奪回を第三十二軍に求めたがらちがあかず、ついに基地航空の全力をあげ、残存艦艇もこれを特攻隊として沖縄に突撃させることを決定した。

ところで、レイテ海戦以後のわが水上部隊はほとんど壊滅にひんし、二十年（一九四五）三月末柱島に在泊したのは、わずかに大和・矢矧のほか駆逐艦九隻（冬月・涼月・磯風・浜風・雪風・朝霜・霞・初霜・他一）にすぎなかったが、連合艦隊司令長官はこれらの部隊をもって海上特攻隊を編成し、沖縄突入作戦を命じた。

この作戦には、九州南部から基地航空部隊の協力が予定されたが、圧倒的に優勢な敵航空勢力に対してはほとんど無力に近く、天候を一〇〇パーセント利用する以外に成功の可能性を見出すことのできないものであった。しかし豊田長官は、天候とはかかわりなく、航空部隊の総攻撃（四月六日）に引き続いて、八日水上部隊の突入を強行すべく、四月五日出撃命令を下した。

特攻隊は四月六日一八時豊後水道を出撃し、夜間大隅海峡を通過して進撃したが、七日正午すぎ第一波約一五〇機、次いで一三時すぎから第二波約五〇機の雷爆撃を受け、大和は一四時二三分遂に沈没し、伊藤整一第二艦隊長官、有賀幸作大和艦長以下乗員二四九八名は艦と運命を共にした。大和の致命傷となったのは魚雷九本の命中であった。

大和に先立つこと約四〇分、矢矧沈没し、一六時三九分連合艦隊長官は作戦の中止を電令した。一億特攻の呼号高まるとき、この作戦をむしろその先駆とみる人も少なくなかったが、四月の気象の特性に着意することもなく、成算零の特攻を令した豊田連合艦隊長官の判断は特攻のための特攻という外なく、真に特攻の本旨に添うものではない。

ちなみに四月九日及び十日は、同地域は全面的に低気圧圏内に入りかつ雨天となっている。

本土決戦準備及び敗戦　本土決戦の準備は特攻中心にすすめられた。その特攻は甲標的（大型は蛟《こう》龍《りゅう》、小型は海龍と呼ばれた）・回天・震洋（特攻艇）をもって突撃隊及び特攻戦隊が編成され、各鎮守府等に配属され、かつ全国の要地に配置された。その整備状況は終戦時まで蛟龍は約一〇〇〇隻が完成、海龍は同じく二二四隻完成、約二〇〇隻半成、回天は一五隊、震洋は五八隊が編成された。またこれらの攻撃目標については次のとおり順序が定められた。

	（蛟　龍）	（海　龍）	（回　天）	（震　洋）
(1)	空母輸送船	輸　送　船	空母戦艦輸送船	輸　送　船
(2)	巡洋艦駆逐艦	空母巡洋艦駆逐艦	巡　洋　艦	駆　逐　艦
(3)	戦　　艦	戦　　艦	そ　の　他	そ　の　他

本土決戦（決号作戦）に備える潜水部隊の兵力は水中高速潜水艦大型三隻、同小型九隻、中型潜水艦一隻及び旧式大型潜水艦五隻であった。潜水部隊は、主として水中特攻部隊の作戦区域外方で敵機動部隊を攻撃することを主任務とした。

また残存水上部隊（第三十一戦隊、兵力は花月型駆逐艦三、杉型駆逐艦一二）をもって海上挺身部隊が編成された。挺身部隊は搭載した回天を発進させた後、敵輸送船団に対し夜戦を挑むことを主任務とした。

以上のほか日本海の海上交通を確保する目的で、対馬・津軽及び宗谷の三海峡の防備強化のための部隊が編成された。

さらに海軍の陸上部隊は、各鎮守府所在地付近及び四国南西部の七カ所に四九個大隊七万八〇〇〇が配備された。

これら諸部隊の総合運用については「決号作戦ニ於ケル海軍作戦計画大綱（案）」（二十年六月十二日）で定められたが、遂に実際に適用されることなく終戦を迎えた。

ところで、対日戦に予想される連合軍の兵力は正規空母三〇、特設空母八二、戦艦三〇、巡洋艦三六、駆逐艦二五四、航空兵力は艦隊航空兵力三八〇〇及び周辺地域を合すると一万八〇〇〇機、地上兵力は歩兵七〇個師団、装甲師団一〇などである。これに対するわが兵力は既述のように特攻を主体としており、とうてい敵することのできない戦力となっていた。

さらに重大なことは、日本国内が物資欠乏に陥り、特に食糧危機に直面したことである。これは戦前からの海上護衛戦に対する無関心に加えて、開戦後も引き続く無為無策の結果であり、特に昭和十八年後半頃からは最も懸念される事態と目されながら、思い切った施策もなく、遂に最悪事態に追い込まれたのであった。

かくて天皇の聖断によってポツダム宣言の受諾が決定し、八月十五日正午天皇自らの放送によって「終戦の詔勅」が下され、軍隊の解体を含むいわゆる無条件降伏が実施に移されることになった。海軍については、大海令四八号（八月十六日）、同四九号（八月十七日）、同五〇号（八月十九日）が発せられ、八月二十二日午前をもって全海軍部隊の停戦が実施（遠隔部隊は多少遅れる）し、ここに海軍作戦は惨憺たる敗北の中に終焉を告げたのである。

この間、厚木基地にあった第三〇二海軍航空隊（司令、小薗安名大佐）をはじめ、終戦を潔しとしない一部に、あくまで連合軍と戦うべしとするものがあったが、八月二十一日までにすべて平静に帰った。また八月十五日には宇垣第五航空艦隊司令長官が航空機に搭乗して沖縄に突入し、翌十六日大西軍令部次長は特攻隊生みの親として、彼らの後を追って自刃して果てた。なお連合艦隊が正式に解隊されたのは十月十日、陸海軍省が廃止されたのは十一月三十日で、最後の海軍大臣は米内光政海軍大将であった。米内海軍大臣は海軍省解散に際し、「明治初頭海軍省の創設以来七十余年、この邦家の進運と海軍の育成に尽粋せる先輩諸子の業績を憶《おも》う時、帝国海軍を今日において保全すること能はざりしは吾人千載の恨事にして深く慙愧に堪えざる所なり」と述べており、ここに日本海軍は滅んだのである。

なお、戦いに敗れた日本海軍の実相は次のようであった。

正規空母のうち、開戦当初活躍した六隻はすべて西太平洋で沈み、戦争中期以後に完成した五隻中三隻は沈み、二隻（天城・葛城）は航空攻撃を受けて戦闘力を失っていた。残った空母は、鳳翔（小型）と、龍鳳・隼鷹（改装）のみであった。

戦艦は大和、武蔵を含めて一二隻中陸奥が広島湾で爆沈、四隻（長門・伊勢・日向・榛名）が戦闘力を失っており、他の七隻は戦場に消えた。

重巡は一八隻中、一四隻が沈没、軽巡は二二隻中一四隻を失い、駆逐艦は一七四隻中一三三隻が沈み、潜水艦は一六九隻中一三八隻を失った。残存艦のうち終戦時作戦可能なものは駆逐艦二八隻、潜水艦九隻のみであった。

飛行機の総生産機数約三万二〇〇〇のうち、残存約五〇〇〇、そのうちには多数の練習機が含まれた。

終戦時の海軍の人員は内地約一九六万、外地約四五万であった。

むすび

この小史を書き終えて改めて痛感することは、日本海軍を興したのは、戦争であり、そして滅ぼしたのも戦争であったということである。いうまでもなく前者は日清日露の両戦争であり、後者は太平洋戦争である。

本文で明らかにしたとおり、日清戦争までの日本海軍は建軍以来ひたすらその整備充実に努めたものの、とうてい大国清の北洋艦隊に立ち向かう勢力に達しなかった。その日本海軍が黄海海戦で大勝し、次いで北洋艦隊を殲滅して戦勝の主因をつくった。これによって日本海軍の発展の道は開かれたのであった。

日露海戦における素晴しい海軍の活躍は、日清海戦の大勝利の勢いに乗って実現されたものであった。かくて広く国民の信頼をかち得た日本海軍は、国民の「海軍の為ならば」という強い支援に支えられ、世界的大海軍を建設することができたのであった。

この輝かしい発展の歴史をもち、同時に日本国民の最も誇る財産の一つとなった海軍は、太平洋戦争四年の戦いで、元も子もなく壊滅、国民の期待を裏切ったばかりか、日本帝国を滅ぼしてしまった。

この事実は、軍隊は戦いこそがその全生命であり、戦いに勝つことが至上の任務であることを厳に教える。

実はこの点、日本海軍のバイブルともいうべき「海戦要務令」は、その第一条に「軍隊の用は戦闘にあり、故に凡百の事皆戦闘をもって基準とすべし」と掲げ、このことを強調していたのである。にもかかわらず太平洋戦争においてかくも惨憺たる敗北を喫したことは、昭和の日本海軍がこのことに徹し切れず或いは、指導者たちがその具体化の方法を見出し得ず、さらには誤ったかのいずれかということになる。

そこで改めて視点をここにおいて、太平洋戦争を日清日露の両役と対比しながら前述の史実を顧みることとする。

まず言えることは、戦闘場面については、太平洋戦争においても、日清・日露の両戦争の場合と同様、或いはそれ以上に、任務に徹した素晴しい戦いが行われていることである。開戦劈頭、ハワイその他を攻撃して散った特殊潜航艇の乗員たち、珊瑚海海戦における管野機、各地で玉砕した勇士たち、さらには世界戦史上かつてなく、今後もみないであろう神風特別攻撃隊をはじめ各種の特攻隊員等枚挙に遑がない。また戦闘技倆についてみても航空魚雷の発射、零戦隊員の空戦、水雷戦隊の夜戦など、その卓抜した技倆は戦闘場面の敵を圧倒した。また若し主力決戦が行われたとすれば、大和以下の主力部隊の射撃も同様であったろう。

これに反し、いちど眼を戦略ないし作戦指導に転ずるとき、大失敗の余りにも多いのが目立つ。ミッドウェー海戦しかり。続くソロモン及びニューギニアへの展開またしかり。これらはいずれも時代遅れの大艦巨砲主義・艦隊決戦主義にとらわれたものであった。また無定見な北方作戦は我に兵力分散を余儀なくさせた。さらにこのように艦隊決戦を求めて外方に向かって全力投入を続けたため、幾多の要衝をかかえるわが南洋群島の防衛は第二義的となり、遂に日本軍は内線作戦の利を発揮することができなかった。海上交通の保護についてもまったく同様で、無制限潜水艦戦の脅威を理解できず、対策はすべて後手にまわり、戦略資源と糧食欠乏で、国家機能崩壊寸前に追い込まれてしまった。

このようにミッドウェー海戦以後、わが海軍作戦は失敗の上塗りを続けたが、それは根本的に戦略研究の不十分に基づくその立ち遅れによるもので、これを日清日露の両海戦において、日本海軍が戦略的に世界海軍の先駆をなしたのに比すれば、今さらながら洪嘆を禁じ得ないものがある。

さらに重大なことは、太平洋戦争に臨むにあたって、日本海軍は勝利の計画を持たなかったことである。もしいかに研究画策しても勝利の目途が立たないのであれば、積極的に戦いを挑むような無謀は避けなければならない。日露開戦を議した最初の参謀本部会議で、時の大山参謀総長は、「小国が大国と戦うには勝算を見出さなければならない」と厳に言い渡して、参謀次長以下の知恵を絞り出させたのであった。日清戦争では、陸軍の勝算のもとに陸軍主導で開戦となったが、開戦直前軍令部長に就任した樺山中将は腹中深く期するところあり、それが自ら戦場に乗り出すという史上異例の大胆な統帥となって現れたのである。

太平洋戦争についてみると、開戦時の日本海軍の対米比は七割を超えており、空母についてはほぼ同等に達していた。この相対戦力は、日清日露の場合に比して有利であり、またわが海軍がかねて主張した所望兵力を超えている。しかも三十年来主敵と見定めた米国との戦いに勝利の戦略が見出されないはずはない。したがって勝算を見出すことができなかったというのは甚だ不可解という外ない。

このように反省するとき、悔いられてならないのは、ハワイ作戦の大成果が戦争の勝利へ生かされなかったことである。ハワイ作戦は奇襲の成果からしても、歴史の教訓（日露戦争の項参照）からみても、全般勝利へ生かされる可能性を蔵していた。山本長官が、ハワイ作戦に際し「この作戦が失敗すれば終わりだ」と漏らした言葉は、この作戦を単に重視するという以上に、前述の如きハワイ作戦の本質理解に立ったものといえる。しかし現実の作戦計画では、本文で述べたように一奇襲作戦にしか位置付けられていなかったのである。

以上を総合するとき、太平洋戦争では、戦闘ないし戦術分野では極めてすぐれた将士が現れたものの、戦略ないし作戦指導の段階においてはほとんど人を得なかったということになる。そして古来言われている如く、戦略の失敗を戦術で補うことはできず、その戦略的失敗を重ね、遂に壊滅したのである。

今一つ指摘しなければならないことは、すでに本文中個別的にふれているが、戦場において弱将が目立ったことである。なかでもスラバヤ沖海戦、珊瑚海海戦、アッツ島沖海戦はその主な事例である。レイテ沖海戦における栗田艦隊の行動も、筋は通っても、勇将のとる選択ではない。しかしそれにもまして、六名の艦隊長官が参加し、連合艦隊の総力をあげて、しかも全滅を予期して自ら令したこの大作戦に、連合艦隊司令長官がその陣頭に立たなかったことは、まことに惜しまれてならない。

参考文献

小笠原長生『東郷平八郎全集第一巻』（昭5　平凡社）
海軍兵学校編『海軍兵学校沿革』（昭54復刻　原書房）
坂ノ上信夫『日本海防史』（昭17　泰光堂）
海軍省編『海軍制度沿革』（昭46〜47復刻　原書房）
外務省編『日本外交年表竝主要文書（上・下）』（昭40　原書房）
陸軍省編『明治軍事史（上・下）』（昭41　原書房）
海軍有終会『近世帝国海軍史要』（昭49復刻　原書房）
海軍軍令部『廿七八年海戦史（上・下）』（明38　春陽堂）
軍令部編『明治三十七八年海戦史（上・下）』（昭9　朝陽会）
谷　寿夫『機密日露戦史』（昭41　原書房）
沢鑑之丞『海軍七十年史』（昭18　文政同志社）
佐藤市郎『海軍五十年史』（昭18　鱒書房）
海軍省編『山本権兵衛と海軍』（昭41　原書房）
広瀬彦太『大海軍発展秘史』（昭19　弘道館図書）
高木惣吉『太平洋海戦史』（昭27　岩波書店）

〃　『私観太平洋戦争』（昭44　文芸春秋社）
伊藤正徳『国防史』（昭17　東洋経済新報社）
〃　『大海軍を想う』（昭40　文芸春秋社）
松下芳男『明治の軍隊』（昭38　至文堂）
池田　清『日本の海軍（上・下）』（昭42　至誠堂）
林　三郎『太平洋戦争陸戦概史』（昭26　岩波書店）
防衛庁戦史室編『大本営連合艦隊(1)』（昭50　朝雲新聞社）
〃　『ハワイ作戦』（昭43　朝雲新聞社）
〃　『潜水艦史』（昭54　朝雲新聞社）
〃　『海軍航空概史』（昭51　朝雲新聞社）
〃　『中国方面海軍作戦（1・2）』（昭49　朝雲新聞社）
南日本新聞社『薩摩の武人たち』（昭50　南日本新聞社）
C・W・ニミッツ　E・B・ポッター（実松　譲　富永謙吾　共訳）『ニミッツの太平洋海戦史』（昭38　恒文社）
外山三郎『大東亜戦争と戦史の教訓』（昭53　原書房）
〃　『日清・日露・大東亜海戦史』（昭54　原書房）

『日本海軍史』を読む

手嶋泰伸

日本海軍に関する概説書が現在に至るまでさほど多くないとはいえ、もちろん、今回復刊された『日本海軍史』は日本海軍を扱った唯一の概説書というわけでもない。本書の他に日本海軍の歴史を扱った概説書としては、例えば、池田清『日本の海軍』上下巻（至誠堂、一九六六～六七年）や野村実『日本海軍の歴史』（吉川弘文館、二〇〇二年）等が挙げられよう。

それら他の概説書と比べたとき、本書の特色は戦史の重視にあると言える。池田清氏や野村実氏が、戦史や技術関係に目配りをしつつも、日本海軍の果たした政治的な役割について多くの紙幅を割いていたのとは対照的に、本書では海軍の政治的な動向についての記述はほとんどなく、記述は専ら海戦の経過に重点が置かれている。そうした点で、本書は『日本海軍史』というよりも、『日本海戦史』というタイトルの方が、内容に近いのかもしれない。

無論、歴史叙述において語られるストーリーは決して一つではなく、また一つである必要もない。

それぞれの語りべが描き出した歴史像は実証的で妥当な内容でありさえすれば、相対的なものであって絶対的なものではないのである。そのため、本書が歴史研究及び歴史教育の中で活用されるために必要なことは、本書で語られていないことを列挙することではなく、筆者である外山三郎氏が、どのような意図でもって本書のような戦史を中心とした日本海軍の歴史を著したのかという、その意志を汲み取ることではないだろうか。E・H・カーが『歴史とは何か』（岩波書店、一九六二年、清水幾太郎訳）で講じたように、歴史はそれを描く歴史家の興味関心から自由になれないのだとすれば、本書をよりよく理解するために、外山三郎氏の経歴や課題意識について、ここで少々の説明を試みることも無駄ではなかろう。外山三郎氏には『随所作主　〝配置〟に生きる人生論　戦歴・職歴・学究歴を通じて光る一元海軍軍人の人生実録』（日本図書刊行会、一九九八年）という自伝があるため、主にそれを参考にしながらみていきたい。

外山三郎氏は、一九一八年に鹿児島県に生まれ、一九三八年九月に海軍兵学校を卒業した（海兵第六六期）。その後、海上勤務等を経て一九四三年一〇月からは海軍兵学校教官兼監事として、終戦まで岩国分校で海兵第七三〜七七期に対して航海術と陸戦を教えていた。

戦後、ＢＣ級戦犯容疑で逮捕令が出されるも、釈放され帰国し（その経緯については、『獄窓の旅ＢＣ級戦犯虜囚記』静山社、一九九一年で詳しく述べられている）、兄の紹介で汽車製造株式会社大阪製作所に入社し、勤労課工員採用係として勤務した。その際、労働組合への対処の必要から、外山三郎氏自身もマルクスの著作を読むようになり、外山氏の視野が大きく広がる契機となったようである。外山氏は後に、「汽車会社勤務約七年は海軍兵学校では学ばなかった法文系知識を徹底的に頭に詰め込ませた。これは私が防大教官になろうと決心した最大の理由となった」と述べている（前掲『随所作主』八一頁）。

一九五三年一〇月、汽車製造株式会社を退社、海上自衛隊に入隊した。そこでは艦長や大湊・横須賀の地方総監部防衛部長等を歴任し、カリキュラムの作成で防衛大学校の創設にも努めた上で、一九七〇年七月に退職した。この自衛官時代において、外山三郎氏を研究者人生に進ませる上での大きな転機となったのが、一九六四年三月に日本赤十字社が百周年を記念して懸賞論文を公募した際、「ジュネーブ諸条約と人道の諸原則」というテーマで外山氏の執筆した論文が三位に入賞したことである。汽車製造株式会社勤務時の法文系知識の吸収や、自衛官時代の論文執筆により、「自分に学者としての素質があると思った」（前掲『随所作主』九九頁）ことから、外山氏は防衛大学校教官となり、海戦史を講じることになる。

もちろん、そうした自己の適性診断からのみで転職を決めたとは思われず、その決断には、外山三郎氏が抱く課題意識や興味関心といったものが根底にあったとみるべきであろう。研究者としての自己診断の役割は、転職を志してからそれを後押ししたことに意味があったと思われる。

外山三郎氏が防衛大で特に必要を感じていたのが、戦史教育の改革であった。外山氏は当時の戦史教育を「一佐級自衛官の戦争体験談」と批判しており（前掲『随所作主』一〇〇頁）、また、戦史研究の際にしばしば、「もし指揮官に戦史の知識があれば、このような失敗はしなかったろう」という感想も抱いていたため（外山三郎『海戦史を学ぶ　海戦史学への序説』秋元書房、一九八九年、六頁）、戦史を学ばなかったことが敗戦につながったという意識を持っていた。

外山三郎氏には戦史研究の発展と普及という目標があり、二十冊近い戦史関係の書物の刊行や、本書のような概説書での戦史の重視といったことに、そうした課題意識は多分に影響していると考えられる。外山氏は一九八三年に筑波大学から文学博士の学位を授与されているが、外山氏が学位の取得を目指したのも、「防衛学は学問に非ず」といった戦史研究軽視の風潮に抗して、「防衛大学校における海戦史学科が学問としての条件を具備していることを立証したい」という思いからであり（前掲『随所作主』一三〇頁）、海上防衛学としての海戦史の学術性を広く認知させる意図があったようである。

本書には、一般向けの概説書にしばしば盛り込まれる、歴史上の人物の横顔を伝えて、読者の興味をかき立てるようなエピソードはほとんどみられない。そのため、読者の中にはやや退屈に感じる方もおられるかもしれないが、そこにも戦史研究の学術性を主張しようとする外山三郎氏の思い入れのようなものが表れているのかもしれない。実際、外山氏の他の著作では、しばしば海戦史の方法論や実証性へのこだわりといったことが述べられている。

さて、本書を含み、外山三郎氏の海軍研究には、海軍を専ら軍事組織として捉え、政治主体としては評価・考察しないという傾向がみられる。例えば、近藤出版社の日本史小百科シリーズの中で、外山氏は『海軍』を担当しているが（外山三郎『海軍』近藤出版社、一九九一年）、その事典の項目は軍事・軍政・技術・戦史といったものが大半であり、政治関係の記述はほとんどみられない。この点、東北大学法学部・大阪市立大学法学部・青山学院大学国際政治経済学部で西洋政治史を講じながら日本海軍の研究を行った池田清氏などとは対照的である。前述したが、池田氏は日本海軍の政治的特徴やその背景に強い関心を抱いており、著作の中でもそうした点に多くの紙幅を割いている。

本書の「むすび」で外山三郎氏が述べている「日本海軍を興したのは、戦争であり、そして滅ぼしたのも戦争であった」という、組織の盛衰と海戦の結果を直接に結びつける歴史像や軍隊の位置付け方は、日本近代史についてだけではなく、ヨーロッパの海戦についてまとめた他の著作にもみられる傾向であるので（前掲『海戦史を学ぶ』、外山三郎『西欧海戦史　サラミスからトラファルガーまで』原書房、一九八一年、外山三郎『近代西欧海戦史　南北戦争から第二次世界大戦まで』原書房、一九八二年）、外山氏の著作を読む場合には、政治・経済が関心の外に置かれていることに留意して、そうした点での理解は他書で補いながら、戦史の研究書・概説書として活用していく必要があろう。

本書では、特攻隊を戦術面で非常に高く評価するなど、相当に論争的な記述もないではないが、海戦史の概説としては非常に簡潔かつ要領よくまとめられており、今回の復刊によって、今後も活用されていくものであろう。だが、現在、外山三郎氏が目指したように、学術研究として戦史が広く認知されているかと言えばそうではなく、研究者の数も依然として少ない。外山氏が抱いた学術的な戦史教育・戦史研究の興隆という目標は達成されているとは言い難い状況である。本書の復刊が一つの学問分野の新しい盛り上がりにつながることを祈りたい。

（福井工業高等専門学校助教）

本書の原本は、一九八〇年に教育社（現ニュートンプレス）より刊行されました。

著者略歴

一九一八年　鹿児島県に生まれる
一九三八年　海軍士官学校卒業　終戦時海軍少佐
海上自衛隊（海将補）、防衛大学校教授を歴任
二〇〇九年　没

〔主要著書〕
『海戦史を学ぶ』（秋元書房、一九八九年）、『日本史小百科　海軍』（近藤出版社、一九九一年）、『図説太平洋海戦史』全三巻（光人社、一九九五年）

読みなおす日本史

日本海軍史

二〇一三年（平成二十五）九月一日　第一刷発行

著　者　外《と》山《やま》三《さぶ》郎《ろう》
発行者　前田求恭
発行所　株式会社 吉川弘文館
郵便番号一一三—〇〇三三
東京都文京区本郷七丁目二番八号
電話〇三—三八一三—九一五一〈代表〉
振替口座〇〇一〇〇—五—二四四
http://www.yoshikawa-k.co.jp/

組版＝株式会社キャップス
印刷＝藤原印刷株式会社
製本＝ナショナル製本協同組合
装幀＝清水良洋・渡邉雄哉

ISBN978-4-642-06397-5

刊行のことば

現代社会では、膨大な数の新刊図書が日々書店に並んでいます。昨今の電子書籍を含めますと、一人の読者が書名すら目にすることができないほどとなっています。ましてや、数年以前に刊行された本は書店の店頭に並ぶことも少なく、良書でありながらめぐり会うことのできない例は、日常的なことになっています。

人文書、とりわけ小社が専門とする歴史書におきましても、広く学界共通の財産として参照されるべきものとなっているにもかかわらず、その多くが現在では市場に出回らず入手、講読に時間と手間がかかるようになってしまっています。歴史の面白さを伝える図書を、読者の手元に届けることができないことは、歴史書出版の一翼を担う小社としても遺憾とするところです。

そこで、良書の発掘を通して、読者と図書をめぐる豊かな関係に寄与すべく、シリーズ「読みなおす日本史」を刊行いたします。本シリーズは、既刊の日本史関係書のなかから、研究の進展に今も寄与し続けているとともに、現在も広く読者に訴える力を有している良書を精選し順次定期的に刊行するものです。これらの知の文化遺産が、ゆるぎない視点からことの本質を説き続ける、確かな水先案内として迎えられることを切に願ってやみません。

二〇一二年四月

吉川弘文館

読みなおす日本史

飛　鳥　その古代史と風土　門脇禎二著　二六二五円
犬の日本史　人間とともに歩んだ一万年の物語　谷口研語著　二三一〇五円
鉄砲とその時代　三鬼清一郎著　二三一〇五円
苗字の歴史　豊田　武著　二三一〇五円
謙信と信玄　井上鋭夫著　二四一五円
環境先進国・江戸　鬼頭　宏著　二三一〇五円
料理の起源　中尾佐助著　二三一〇五円
暦の語る日本の歴史　内田正男著　二三一〇五円
漢字の社会史　東洋文明を支えた文字の三千年　阿辻哲次著　二三一〇五円
禅宗の歴史　今枝愛真著　二七三〇円
江戸の刑罰　石井良助著　二三一〇五円
地震の社会史　安政大地震と民衆　北原糸子著　二九四〇円

吉川弘文館

読みなおす日本史

日本人の地獄と極楽　五来　重著　二二〇五円
幕僚たちの真珠湾　波多野澄雄著　二三一〇円
秀吉の手紙を読む　染谷光廣著　二二〇五円
大本営　森松俊夫著　二三一〇円
日本海軍史　外山三郎著　二二〇五円
史書を読む　坂本太郎著　（続　刊）
歴史的仮名遣い その成立と特徴　築島　裕著　（続　刊）
昭和史をさぐる　伊藤　隆著　（続　刊）
山名宗全と細川勝元　小川　信著　（続　刊）
東郷平八郎　田中宏巳著　（続　刊）
墓と葬送の社会史　森　謙二著　（続　刊）
大佛勧進ものがたり　平岡定海著　（続　刊）

吉川弘文館